高炉料面分布形状建模与控制

张勇 周平 任彦 著

（扫一扫下载程序资源）

北京
冶金工业出版社
2025

内 容 提 要

本书深入探讨了高炉装料过程与布料过程的建模与控制方法，阐述了高炉的结构与工作原理，以及装料制度对高炉冶炼效率及能耗的影响；通过解析高炉内部温度分布、料层厚度分布等关键参数，揭示高炉装料过程中料流轨迹与炉喉料面分布的模型规律，给出布料矩阵的优化方法，并介绍了基于输出概率密度函数（PDF）的智能控制策略，以实现高炉装料过程的高效控制。

本书可供高等院校理工科研究生和高年级本科生参考，也可供冶金与自动化领域相关研究人员和工程技术人员参考。

图书在版编目（CIP）数据

高炉料面分布形状建模与控制 / 张勇，周平，任彦著. -- 北京：冶金工业出版社，2025. 3. -- ISBN 978-7-5240-0097-6

Ⅰ. TF068

中国国家版本馆 CIP 数据核字第 2025VW5329 号

高炉料面分布形状建模与控制

出版发行 冶金工业出版社　**电　　话** (010)64027926
地　　址 北京市东城区嵩祝院北巷 39 号　**邮　　编** 100009
网　　址 www.mip1953.com　**电子信箱** service@mip1953.com

责任编辑　卢　敏　李泓璇　美术编辑　吕欣童　版式设计　郑小利
责任校对　葛新霞　责任印制　窦　唯
北京印刷集团有限责任公司印刷
2025 年 3 月第 1 版，2025 年 3 月第 1 次印刷
710mm×1000mm　1/16；8.5 印张；171 千字；125 页
定价 78.00 元

投稿电话　**(010)64027932**　**投稿信箱**　**tougao@cnmip.com.cn**
营销中心电话　**(010)64044283**
冶金工业出版社天猫旗舰店　**yjgycbs.tmall.com**
（本书如有印装质量问题，本社营销中心负责退换）

前　言

高炉冶炼（炼铁）过程是指从铁矿石进入高炉到生成铁水出炉的整个过程，是钢铁生产过程的上游工序，也是能耗最大的环节。随着人工智能等先进技术的快速发展，大多数工业生产自动化和智能化的程度也越来越高。但是，由于高炉冶炼的极复杂动态特性以及高炉本体的高温密闭结构，高炉冶炼操作至今仍然是一个以专家经验为主的人工调控模式。高炉装料制度是高炉冶炼操作四大制度之一，主要是通过炉料装入顺序、装入方法、料线高度、批重、焦炭负荷、布料方式、布料溜槽倾动角度的变化等调整炉料在炉内的分布，以达到煤气流合理分布的目的。由于高炉超大的密闭反应空间内存在多相场的耦合交互，炉喉炉料的空间分布成为影响高炉冶炼的关键因素。高炉布料是高炉装料操作制度中调节炉料在炉喉空间分布的主要手段，通过调节布料矩阵实现对炉喉料面空间分布的调控，进而实现对炉内下行料柱与上升煤气流的逆向交互，影响整个炉况的动态运行，是高炉稳定顺行、高炉稳产、降低事故率和减少燃料消耗的关键环节。

本书系统性总结了作者及其团队近10年在高炉布料过程建模与控制方面的系列研究工作。全书共分为6章，第1章为高炉冶炼自动化概述，从高炉冶炼工艺与自动控制交叉融合的需求出发，详细阐述了装料制度对高炉冶炼效率及能耗的影响，阐明了高炉冶炼过程自动化的困难所在；第2章为高炉装料与布料操作工艺，从具体的工艺特点，深入探讨炼铁装料过程与布料过程控制的难点；第3章为高炉布料过程炉喉料面输出形态建模，在高炉装料工艺的基础上，利用料批批重恒定规则，给出了炉喉料层厚度分布的等体积积分原则，进而给出了以布料矩阵为操作变量的炉喉料面输出形状的模型描述；第 4 章为基于智能计算方法的炉喉料面输出形状的操作参数优化，运用智能计算等技术研究期望料面输出形状的设定方法，以及满足期望目标分布下求解最优操作参数布料矩阵的优化计算方法；第 5 章为基于 B 样条函数的期望料层厚度分布的设定方法，重点在于给出期望料层厚度分布的设定方法；第 6 章为基于输出 PDF 控制的高炉装料过程料层厚度分布控制，在随机分布控制理论的基础上进一步给出布料矩阵逆计算的方法。此外，为了便于更多的冶金与控制领域的同仁参与到高炉冶金自动化的攻关研究，本书提供了相关研究的 Matlab 代码。

本书涉及的研究工作得到了国家自然科学基金区域创新联合基金重点项目“动态供需驱动的大型炼铁系统多工序协同优化控制（U22A2049）”，国家自然科学基金地区项目“大型高炉冶炼过程中料形与料位的运行优化控制（62263026）”“大型高炉布料过程料面输出形状的建模与控制（61763038）”“多信息、专家知识相结合的高炉冶炼下部调节优化控制研究（61763039）”“基于数据驱动的白云鄂博矿高炉炼铁过程的建模及优化研究（61164018）”，国家自然科学基金重大项目“大型高炉高性能运行控制方法及实现技术（61290323）”的支持，同时也得到了广西柳州钢铁集团有限公司和包头钢铁集团，特别是包头钢铁集团炼铁厂技术主管马祥高工的支持。本书的出版得到了国家自然科学基金项目（62063027），内蒙古自然科学基金系列项目（2023MS06001、2022MS06005、2020LH06006、2014MS0612、2009MS0904），内蒙古自治区高等学校青年科技英才支持计划项目（NJYT22057）和内蒙古科技大学基本科研业务费项目（2024QNJS003、2023RCTD028）的资助，在此一并表示感谢。

本书的撰写过程中，王宏教授提出的“有界随机分布控制理论”为书中的模型与控制提供了核心理念。东北大学流程工业综合自动化国家重点实验室柴天佑院士、代学武教授、刘腾飞教授、卢绍文教授，内蒙古科技大学崔桂梅教授、石琳教授，北京科技大学尹怡欣教授、穆志纯教授，北京工业大学李晓理教授等给予了多方面的支持、帮助和指导。另外，张斌、王丽娟、孔令峰、古志远、王力宾、刘继岩、杨维清、刘悦洋、严祥瑞、姜兆宇也做出了贡献，在此表示衷心的感谢。

由于作者水平有限，书中不妥之处，诚请各位读者批评指正。

作 者

2024 年 10 月

目　　录

1 高炉冶炼自动化概述

1.1 引　言

经过几代钢铁人的艰苦奋斗，我国钢铁产量于 1996 年首次突破 1 亿吨，2020 年再次突破 10.53 亿吨[1-2]，如今我国钢铁产量占世界总产量的一半以上。钢铁工业是技术、资金、资源、能源、劳动力密集型产业，同时也是产能过剩、能源消耗和污染物排放的大户。2020 年我国钢铁工业碳排放占全国碳排放总量的 15%，是碳排放最高的非电行业[3]。同年，我国钢产量占全球产量的 56.7%，而碳排放却占世界钢铁总排放的 72.5%[4]，高于其产量占比。国家统计数据显示，我国钢铁企业每生产 1 t 粗钢的碳排放为 1859 kg，而同期美国、韩国和日本生产 1 t 粗钢的碳排放分别为 1100 kg、1300 kg 和 1450 kg[2-3]，远低于我国钢铁工业的碳排放量。2020 年 9 月我国明确提出“双碳”目标之后，节能降耗与绿色发展已成为钢铁工业的新任务和新主题。

随着经济由高速增长阶段向高质量发展阶段转变，国家陆续出台《中国制造 2025》《促进大数据发展行动纲要》《新一代人工智能发展规划》文件。钢铁工业作为国民经济的重要基础产业，正在经历从粗放型片面追求产量，到追求新产品、新技术、新突破，实施产业智能升级的新跨越[5]。

截至 2023 年年初，我国钢铁工业的大多数企业已基本完成生产设备数字化、产供销集成以及产业链集成，新时代背景下我国钢铁工业正在借助 5G、大数据、人工智能、智能+等机遇，深入实施钢铁智能制造，加快钢铁企业数字化、低碳化以及智能化转型升级，推动钢铁工业发展向全产业链、全流程的数字化、智能化发展目标模式转换[6]。

在新的时代背景下，本书依托国家自然科学基金重大项目“大型高炉高性能运行控制方法及实现技术（61290323）”和国家自然科学基金地区项目“大型高炉布料过程料面输出形状的建模与控制（61763038）”，重点研究了高炉装料过程炉喉料面输出形状的建模和控制问题，综合运用质量守恒规则、随机分布控制理论、最优化理论、系统建模和多模型切换控制理论，提出了基于等体积原则的料面输出形状的建模思路，构建了基于质量守恒规则的高炉装料过程料层厚度分布的控制模型，搭建了以布料矩阵为可调操作变量的料层厚度分布的控制架构，给出了积分约束下理想料层厚度分布的设定方法，针对连续和离散操作变量共存，以及特殊约束问题，给出了基于多模型分步优化控制的架构。

1.2 高炉冶炼过程及复杂控制问题

1.2.1 高炉冶炼过程概览

高炉是钢铁工业生产流程中最基本的核心单元之一[7]，炉料在进高炉冶炼之前存在磨矿、焦化、烧结、球团等上游备料工序，铁水从矿石冶炼还原之后还有鱼雷罐车运输、炼钢、连铸、热轧、冷轧等下游工序。如图 1-1 中黑框所示，焦化和烧结是为高炉炼铁准备入炉原材料的环节，鱼雷罐车是负责将冶炼出的高温铁水送至下游工序的环节。高炉作为将铁矿石还原成铁水的重要工业设备，其能耗约占企业能耗的 60%，其能耗成本占钢铁工业总成本的 1/3。高炉炼铁的节能降耗在钢铁企业高质量发展、降本增效和智能数据的时代背景下具有十分重要的地位。在国家政策方针指引下，各大钢铁企业都积极借助“大数据”和“人工智能”，在保障企业正常产出的前提下努力寻求较低能耗的措施[8-9]。

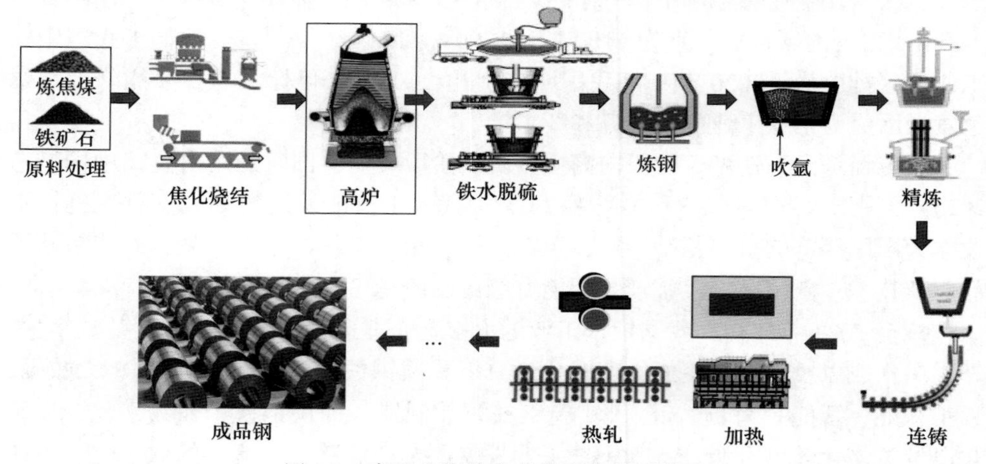

图 1-1 高炉在钢铁生产全流程中的位置

高炉是所有工业中最大、最复杂的单体生产设备[7]。它是一个超大的密闭反应装置，一般来说其出铁口和主控室均在地面 10 余米以上的位置，以炉容 2500 m^3 的大中型高炉举例，其炉喉直径 8.6 m，炉腰 12.98 m，风口 30 个，出铁口 3 个[10]，而对于当下 4000 m^3 级主流的大型高炉冶炼设备，其炉喉直径和炉腰直径则更大。高炉冶炼时超大密闭空间上的温度分布自上而下差异也很大，如图 1-2 所示，其中炉腹温度可高达 2000 ℃，炉缸中的铁水温度高达 1350 ℃，炉喉温度较低，但也在 350~450 ℃。

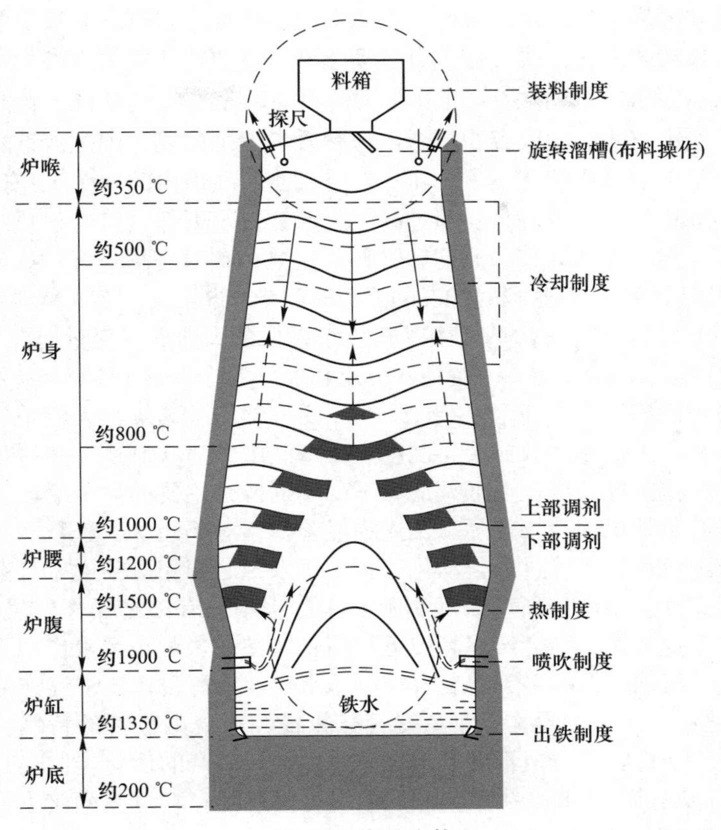

图 1-2 高炉本体

高炉炼铁过程是指从铁矿石进入高炉到生成铁水出炉的整个过程，该过程中存在着诸多的控制工序和数百项的状态参数与过程调节参数。高炉冶炼过程中，铁矿石、焦炭、石灰石等原料从炉顶间歇式地加入，受布料装置的操作，炉料在炉喉处形成一定的料面形状分布，与先前装入的多层炉料形成缓慢下降的料柱。热风和煤粉从高炉下腹部多个风口连续鼓入，形成上升的高温煤气流分布，煤气流在纵穿料柱时温度逐渐降低，形成的煤气和废气从炉顶连续逸出。缓慢下降的料柱与上升的高温煤气流在逆向运动中，产生一系列的物理与化学反应，固态炉料从大颗粒到小颗粒，继而缓慢过渡到熔融状态，并在炉腰处形成一个具有特定厚度与形状分布的软熔带。在炉腹高温和化学还原反应的影响下，铁水不断地从熔融的软熔带滴落到炉缸。随着铁水在炉缸的不断积聚，炉渣和铁水间歇有序地一批批从不同位置的出铁口排出。

高炉冶炼过程中，高温密闭的超大空间内集气-固-液三相动态流动与融合于一体，存在复杂的多相态耦合交互。三相流体在炉内进行动量、质量和能量传递，随机流动、周期性扰动，且同一输入对应多种运行状态。高炉冶炼过程是一个间歇式与连续式操作模式并存、具有动态分布参数特征、关键参数与运行指标（铁水质量、能耗和污染排放）难以在线检测的动态非线性系统。此外，炉料从炉顶装入，经由密闭的超大容积高炉内进行缓慢冶炼反应，到生成铁水从炉底出铁口排出，整个冶炼周期 7~8 h，具有大滞后性。高炉内的各个工作区域温度场分布及其物理化学反应效应只能通过高炉上部装料及下部风口煤粉喷吹和热风输入进行调节，然而上部的布料调剂和下部的送风调剂对高炉炉况的影响又存在着不同的时间滞后性，下部送风对炉况的响应时间为 1.5~2 h，上部装料对炉况的响应时间为 4~6 h。因此，高炉又是一个欠调节手段的大滞后多变量控制系统，具有随机不确定性强、耦合变量多、混沌、分形和多尺度特性等各种复杂特性。

鉴于高炉冶炼过程的高度复杂性，为了更好地调控高炉，人们根据多年来高炉操作经验将高炉操作细分成装料制度、冷却制度、喷吹制度、热制度、出铁制度五大具体操作制度，以及上部调剂和下部调剂两个主要的调节手段，在冶炼操作过程中均有工长根据现场实际以及人为经验积累对不同状况进行实时调控。由于尚未形成全流程的冶炼过程自动化，各个子系统之间相对独立，分散的子系统间缺少信息交互。目前，高炉冶炼实际操作过程中，有丰富操作经验的炉长/工长运用炼铁专业知识，结合实际高炉运行信息，在诸多影响因素作用下，人工判断与决策，并组织、指挥多工序复合控制，来实现冶炼目标要求（产品质量、能耗物耗）。这种人工运筹操作控制具有盲目粗糙、主观随机性的特性，虽然可使高炉运行处于平稳状态，但不能实现优质、低耗和高产的优化控制目标。高炉冶炼过程在节能减排、提高产品产量和质量等方面仍然存在巨大的潜力。因此，世界许多国家不惜投入大量的人力、物力和财力进行相关研究，我国“产学研”合作科技攻关，也取得了许多成果[6,8-9]。

1.2.2　高炉大型化发展

高炉炼铁在国内已有几千年的历史，在以作坊制作铁器的时代，高炉的炉容一般不高于 10 m^3，据中国考古发现，50 m^3 的炉容在汉朝已经是巨型高炉[11]。欧洲在文艺复兴后，其科学和技术在资本的推动下得到长足的发展，高炉炼铁技术不断进步，大型高炉容积不断扩大。1860 年以前高炉最大容积为 300 m^3，日产铁水不足 50 t，到 19 世纪末期，高炉容积增大到 700 m^3，日产铁水量提高到500 t[12]。20 世纪初期，炉容扩大到 1000~3000 m^3，20 世纪 60 年代以后大型高炉最大容积继续刷新，1971 年日本钢管福山建造了首座 4000 m^3 级（4197 m^3）巨型高炉；1974 年苏联克里沃洛格公司建成了世界首座 5000 m^3 级（5026 m^3）巨型高炉[13]。现在高炉最大容积已经超过 5500 m^3，日产铁水超过 12000 t。

新中国成立后，包头钢铁集团于 1954 年在苏联的援助下建设 1500 m^3 以上的巨型高炉，包钢 1 号高炉和 2 号高炉分别于 1959 年和 1960 年投产使用。1970

年包钢自行设计、自行施工，建成了炉容 1800 m^3 的国产化 3 号高炉，1995 年 2200 m^3 的 4 号高炉建成投产，2014 年和 2015 年包钢 4150 m^3 的 7 号高炉和 8 号高炉陆续建成投产。包钢高炉大型化发展变化如表 1-1 和图 1-3 所示。包钢高炉大型化的发展是中国钢铁工业高炉冶炼技术不断提升的一个缩影，见证了中国钢铁工业从技术引进到自主创新的变革。为了提高钢铁企业的竞争力，日本在役高炉由 1990 年的 65 座下降至 28 座，截至 2008 年，日本高炉平均有效炉容从 1558 m^3 升至 4157 m^3，升幅达 166.8%。欧洲高炉数量则由 1990 年的 92 座减少到 54 座，平均炉容从 1690 m^3 升至 2063 m^3，升幅为 22.1%[14]。韩国高炉平均有效容积在 2009 年为 3325 m^3，在 2014 年为 4526 m^3[13]。至 2015 年，北美及日韩已基本淘汰炉容 1000 m^3 以下的高炉，日韩相比于欧美高炉超大型化（有效容积大于 3000 m^3）程度更高。我国在 2008 年制定的《高炉炼铁工艺设计规范》（GB 50427—2008）中明确规定新建高炉准入条件必须达到 1000 m^3 以上，沿海必须大于3000 m^3[10]。至 2015 年我国拥有炼铁高炉近 1500 座，虽然存在 4000 m^3 以上大型高炉 21 座，5000 m^3 以上巨型高炉 4 座，但平均有效炉容仅为 770 m^3[14]。

表 1-1　包钢大型高炉的历史信息

高　炉	初始炉容/m^3	投产/年	扩容/m^3	改造时间/年	其他
1 号高炉	1513	1959	2200	2001	
2 号高炉	1513	1960	1780	2004	2016 年拆除
3 号高炉	1800	1970	2200	1994	
4 号高炉	2200	1995			
5 号高炉	1500	2005			
6 号高炉	2500	2006			
7 号高炉	4150	2014			
8 号高炉	4150	2015			

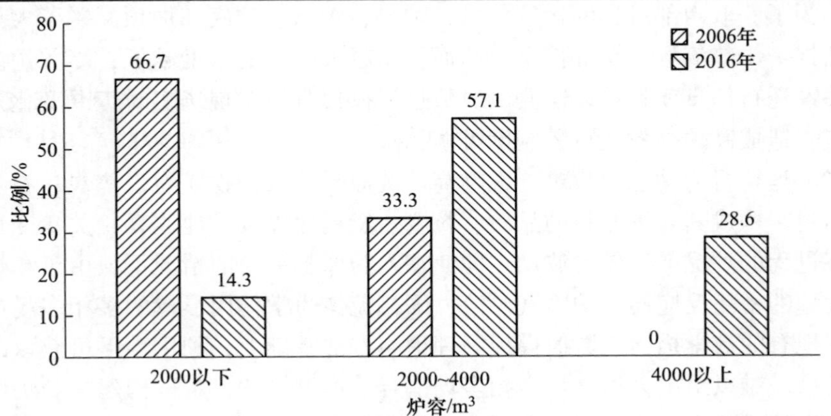

图 1-3　包钢 2006 年与 2016 年高炉炉容对比情况

大型高炉是钢铁工业绿色发展的总趋势[14-16]，是炼铁行业前沿技术水平的代表，是高炉炼铁先进技术的集中体现。1985 年，我国第一座 4000 m^3 级以上大型高炉在宝钢点火投产，开启了我国高炉大型化发展的序幕，2000 年后一批 4000 m^3 以上大型高炉相继建成投产。如今，4000 m^3 级高炉已经成为我国钢铁行业的主要炉型[14]。大型高炉具有占地小、单位投资低、生产率高、单位容积散热少、工序能耗低、污染物排放少、生产成本低等优点[14]，然而随着炉容体积的增加，大型高炉冶炼的复杂程度也呈几何式增加，给高炉操控带来较大的困难。

1.2.3 高炉大型化带来的控制难题

在以作坊制作铁器的时代，普遍采用小炉容的高炉进行冶炼，虽然没有现代的动力装置、运输手段、检测手段以及控制技术，但一个小作坊便可轻松驾驭高炉。如今，大型高炉借助现代化技术，仍需要炉长、工长以及各个子工序的多位有经验的操作人员，分工合作，精细管控，才能保障炉况的平稳顺行。对比 1000 m^{3}以下炉容的小高炉与 2500 m^3 以上炉容的大型高炉，小高炉具备操作便捷、可控性好、炉况平稳运行、事故率低等优点，然而其冶炼效率和能耗方面却远远不及大型高炉。如今，在高质量发展和绿色冶金的新时代，大型高炉对信息技术、控制技术等现代化技术有更高的要求，是冶金新技术的体现。

由于高炉是一个大型密闭的单体反应器，其炉容越大，炉内横向空间分布的变化就越复杂多元，给检测、建模、控制和工况诊断带来的困难就越多，带来的高炉高效运行优化操作难题就越难以求解。

（1）内部运行信息检测难。高炉冶炼是一个内部多场相耦合交互的过程，受高温和密闭冶炼环境的限制，炉内煤气流分布、炉料分布、软熔带性状及分布、铁水温度等运行信息和重要过程参数难以获取，导致高炉冶炼过程信息不完备。目前，为了获取内部过程的运行信息，炉衬、炉壁、炉底和炉顶配置了大量传感器来估计炉内热流场分布等信息。然而炉子越大估计的精度越低，事关炉况平稳性的关键运行信息就越难以监测，导致过程操作难以对现场实时工况变化及时做出反应，造成高炉高效运行控制困难。

（2）运行行为动态建模难。大型高炉的原料输入为铁矿石、焦炭、石灰石等固体物料，构成其入炉原料的品质、粒度、燃料比以及其他原料相关参变量都会对冶炼过程的炉况产生较大波动。即使在入炉原料平稳的情况下，由于高炉是一个超大型的密闭反应器，炉内气、液、固相流体力学作用形成的多相多场严重耦合，在现有的数学描述、数值模拟等理论与方法基础上，利用当下可获取的有限检测信息，难以给出大型高炉多相多场耦合的模型描述，难以构建高炉炉内关键运行状态的描述。与此同时，高炉涉及复杂的多时空尺度运行信息，而且存在间歇装料与出铁、连续鼓风与喷吹等诸多混杂控制工序、数百项操作参数，现有的模型和方法均难以给出高炉操作参数与炉内运行行为状态和生产目标之间的多变量复杂动态关系描述。

（3）非正常工况诊断难。与单变量控制系统不同，高炉炼铁过程是一个复杂的多场相耦合交互过程，炉料在大口径高炉连续下降时，偏车现象时有发生，有些料位偏车在允许范围内仍然可以正常生产，而有些偏车却容易产生故障。炉温的调控有时有利于炉况的稳定顺行，有时也会引起崩料或悬料的生产事故发生。如上所述，影响高炉炉况稳定顺行的关键因素是炉内多场相的时空分布状态。然而现有的技术手段很难实现对内部关键状态实时监测，又缺少重组的非正常工况的历史数据，导致非正常工况在发生初期很难被发现，而当其发展到超过报警阈值时再调整，通常会给生产质量、产量和能耗等带来较大的影响，甚至还可能造成高炉设备损坏、使用寿命降低和重大安全事故。

（4）多工序协同优化与多场相调控难。装料系统、冷却系统、加热系统、喷吹系统和出铁系统作为高炉操作的子系统，它们各自承担炼铁过程中的不同任务，也履行各自应该遵循的约束。各个子系统中除了冷却系统不需要人为干预外，其他系统仍处于半自动化状态，需要有经验的人参与调控。由于尚未形成全流程的冶炼过程自动化，各个子系统之间相对独立，分散的子系统间缺少信息交互，子系统间的耦合交互不能有效处理，调度不能有效协同，突发情况不能及时有效处理。上部布料和下部鼓风是调节炉内多场相耦合交互运行的两个主要手段，在实际操作中由经验丰富的操作人员根据现场情况进行调控，由于内部多场相动态分布信息难以获取，因此高炉炉容越大其调控难度越大。

1.3 高炉冶炼过程自动化及其研究现状

1.3.1 自动化与控制科学概述

19 世纪借助机械，人力与畜力的体力劳动极限得到延伸，20 世纪借助机械与电子，劳动生产实现自动化流水线，极大地提高了社会生产力，改变了人类的生产和生活方式。如今，“自动化”产品、设备和系统已经成为生产和生活中不可或缺的一部分。自动化与控制对于很多人来说，并不陌生，然而两者之间的关系对很多非自动化专业的人来说则很难区分清楚。

“自动化”一词，最早由美国人哈德尔（D. S. Harder）在 1946 年提出。起初他给自动化的定义是：在一个生产过程中，机器之间的零件转移不用人去搬运[17]。随着机械和信息技术的发展，如今，很多机器、设备、系统或者生产过程的某个工作状态或参数均可在没有人直接参与的情况下自动地按照预定的规律运行[18]，自动化早已超越了当初的定义。周献中在《自动化导论》一书中对自动化进行定义：自动化的本质，是机器、设备或者系统在没有人直接参与的情况下，利用外加的设备或装置，按照预定的程序或指令进行操作和运行以达到预定的效果。而所谓控制，则是通过信息采集、加工和决策计算施加到系统的作用，以改善系统的性能或者达到特定的目的。人们借助控制理论与技术所创造的自动化设备、系统或者产品，在不需要或者很少需要人的参与下，能按照人为设定的要求“自动”地完成任务。简言之，控制是技术手段，自动化是系统或者设备所呈现的“控制状态”。

为了降低人的劳动强度，代替人完成各种作业，把人从繁重、危险的工作中解放出来，自动化主要研究人造系统的控制与实现问题。实时获取被控变量的精准信息，并及时反馈到控制器，控制器根据对比控制目标与输出之间的误差，通过相关的控制算法给出控制策略，借助执行机构将控制策略作用于被控对象，以使被控对象的输出无限接近于被控目标，实现“自动控制”的效果。为了实现自动化，控制科学的研究范畴并不仅仅局限在控制理论与方法上，还涉及检测、模型、优化等多个领域的综合运用。如上所述，反馈是控制的精髓，但实施反馈控制的前提条件是存在一种检测技术可以实时获取被控变量的有效信息。模型既是控制的基础，也是控制的研究重点，控制量作用到被控系统，被控系统做出何种响应，关系到人造控制系统的稳定性和安全性，流程工业的过程控制、运行优化和非正常工况的诊断都需要明晰的被控对象的模型来描述。

自动化与控制科学是一门研究控制理论、方法、技术及其自动化工程应用的学科，该学科以控制论、信息论、系统论为基础，研究各领域内独立于具体对象的共性问题。其各阶段的理论发展及技术进步都与生产和社会实践需求密切相关。11 世纪，我国北宋时代发明的水运仪象台就体现了闭环控制的思想；18 世纪，近代工业采用了蒸汽机调速器；20 世纪 20 年代以频域法为主的经典控制理论逐步建立并在工业中获得成功应用，自动化与控制科学才开始形成一门新兴的学科。如今，自动化学科的应用已经遍及工业、农业、交通、环境、军事、生物、医学、经济、金融、人口和社会各个领域，从日常生活到社会经济无不体现本学科的作用。自动化与控制科学在与各应用领域密切结合的过程中，又形成了控制工程丰富多样的内容，它与信息科学和计算机科学的结合开拓了知识工程和智能机器人领域，与社会学、经济学的结合使研究的对象进入社会系统和经济系统的范畴中，与生物学、医学的结合更有力地推动了生物控制论的发展。同时，相邻学科如计算机、通信、微电子学和认知科学的发展也促进了自动化控制科学的新发展，使本学科所涉及的研究领域不断扩大。

1.3.2 高炉冶炼过程自动化现状

钢铁工业领域是自动控制科学研究的重点领域之一，从20世纪80年代起，钢铁工业领域陆续实现了磨矿自动化[19]、烧结过程自动化[20]、焦化过程自动化[21]、轧钢过程自动化、炼钢过程自动化、连铸工艺过程自动化以及其他钢铁流程工业过程自动化[22]。进入21世纪，在数据采集自动化的基础上，借助网络实现了化验室、计量终端、操作终端等钢铁流程工业过程数据的传递，实现了钢铁生产全流程环节产供销各个部门间数据与信息在主控室的集成[23]，完成了钢铁企业运行信息的网络化建设。

高炉炼铁作为钢铁工业的主要生产单元，是钢铁工业自动化的主要研究对象。如今，在组成高炉炼铁工艺流程的各控制子工序中，已经逐步实现了槽下配料称重、卷扬上料、装料过程自动化，炉壁冷却水信息采集与控制，喷吹煤粉与富氧鼓风过程自动化，热风炉燃烧过程与送风自动化，炉前出铁作业机械化与信息采集等[22]。高炉冶炼过程基础自动化与信息化的建设，为钢铁全流程连续生产提供了技术保障，但整个高炉冶炼过程的调控仍是一个“半自动化”状态，需要经验丰富的炉长/工长参与对多个子工序的协同优化与整体调度。上述已实现自动化的工艺环节大都属于高炉冶炼的外部操作，与复杂的高炉冶炼内部运行机制相对独立，与整个复杂高炉炉况运行内部状态密切相关的工艺环节仍需要人工干预。装料过程自动化可以按照预定要求将重达60~80 t的炉料在3~5 min内完成称重、卷扬上料并装入高达80余米的高炉炉顶料箱中，然而上料与布料的节奏，以及布料操作参数的调控仍需炉长/工长参与。出铁操作过程自动化可按照预定要求执行出铁操作，但何时出铁，从哪个铁口出铁仍依赖经验丰富的炉长/工长。热风炉的送风过程自动化可以实现按照预定要求执行送风任务，但风量和风温的调控仍需要炉长/工长参与。冷却过程自动化通过水循环维持高炉金属冷却壁温度在一定的安全范围内，该过程不需要人的干预，但冷却水温差却是操作人员时刻关注的监控信息，以便及时调整炉况热制度。

基于人工经验与多个子工序协同控制的高炉冶炼半自动化操作模式，较多地依赖于现场炉长/工长的主观经验，操作方式较为粗放，带有较大的随机性，难以对非正常工况的发生做出及时和正确的预估，无法实现生产过程中产量质量指标、能耗指标、原材料消耗指标等生产目标的综合优化，无法保证大型高炉生产的运行优化，难以达到节能降耗绿色生产的目的。高炉冶炼过程自动化仍是一个需要逐步完善和提升的研究课题，不仅要完善和提升外部各个子工序的自动化操作水平，而且更需要探索高炉内部密闭大空间中复杂多场相耦合交互的运行状态检测、模型、诊断与优化控制等问题，使整个高炉冶炼过程按照预定的出铁品质、产量、能耗等要求，高效和安全地“自动”执行装料、布料、送风、喷煤等操作，无需人工值守。

大型高炉肩负着运行安全与节能减排等巨大社会责任，高炉冶金自动化不仅是自动化学科科技前沿的重点课题，而且也是钢铁冶金产业科技进步的前沿课题。高炉冶炼过程自动化的研究，不仅需要对自动化专业知识体系有较深入的认知，而且更需要系统的明晰高炉冶炼工艺、高炉操作制度以及各个操作制度之间的协同关系，在剖析高炉冶炼机理时，又需要涉及传质传热、流体力学与物理化学等专业基础知识，多学科领域交叉的共性难题，导致高炉冶炼过程自动化至今仍是一个悬而未决的前沿难题[22]。

1.3.3　高炉冶炼过程自动化的研究现状

近年来，为了更好地探索高炉内部密闭大空间中复杂多场相耦合交互的运行状态检测、建模、诊断与优化控制，高炉冶炼过程自动化作为一个研究热点课题，吸引了钢铁冶金、传感器和控制等多个领域学者和专家的关注。国内外高炉冶金相关领域的专家和学者针对高炉炼铁过程中的基础科学问题做了深入研究，取得了一系列传感器检测、数学模型以及运行优化等方面的研究成果，在一定程度上提上了高炉冶炼操作水平，助力了高炉平稳运行的高炉安全操作。

1.3.3.1　高炉内部运行信息的检测研究

实时获取高炉内部准确的运行信息是实施高炉有效监控与调控的前提，是高炉冶金自动化研究的关键领域之一。如上所述，高炉是一个巨型密闭反应釜，同时内部伴随着高温、高压和腐蚀性气流，高炉内部关键运行信息难以通过现有的常规检测手段准确获取，几十年来，人们在炉喉、炉墙、炉底等安置热电偶等检测装置，利用有限的检测手段凭经验间接地估计炉内各种场相分布的运行状态[24]。十字测温装置是一种由若干十字形式排列的热电偶组成，安装在炉喉平面上的测温装置，是目前研究料面温度场分布和炉内煤气流分布的主要检测装置，由于是接触式测温装置，其获取的数据相对真实可靠，实时性也好，一直以来受到高炉操作者的重视[24]。虽然十字测温装置得到了广泛运用，但有限的热电偶无法反映整个料面温度的分布状况，导致了检测的片面性。随着数字图像技术的进步，更为直观、采样更为密集的非接触式红外测温装置、红外摄像机与红外热图像仪开始用于高炉料面温度分布的检测。在料位和料面分布形态检测方面，机械探尺获取料位信息准确度高，实时性也好，但很难用单一的机械探尺构建整个炉喉平面的炉料分布。为了获取炉喉料面实时分布信息，北京科技大学陈先中团队在单点雷达探尺的基础上，发展了多点分布阵列雷达技术和扫描雷达技术，在首钢、南钢、攀钢等大型高炉上得到了较好的应用[25]。除此之外，利用多点拟合与动态扫描，研究人员还开发了三维激光料面扫描技术，并在大型高炉获得应用[26]。中南大学桂卫华院士团队在光学和图像处理技术的基础上开发了一种平行低光损背光高温工业内窥镜，并在柳钢2号高炉获得良好应用[27]；该团队还在红外图像处理的基础上开发了铁水温度的在线检测技术[28]。

1.3.3.2 高炉运行行为动态建模的研究

高炉内部冶炼机理、系统运行指标与控制性能指标之间没有明确的模型描述，因此高炉冶炼过程的运行调控多有不便。鉴于此，构建高炉运行行为动态模型不仅是高炉冶金自动化的研究热点，还是冶金领域的研究主题。冶金、传感器以及信息领域的专家针对高炉建模做了大量研究工作。冶金领域专家从传质传热机理分析外界操作的边界条件对内部运行状态的影响，如炉料分布对煤气流分布的影响[11]、炉料颗粒分布对透气性的影响[29]、炉型对炉料下降的影响[30]、炉缸侵蚀机理与高炉长寿模型[12]、炉料偏析与炉内气固两相流的动态关系[31]等。传感器和检测领域专家采用可植入的分布式传感器，通过软测量建模的方式间接地预估炉内煤气流分布、料面分布形态[24]、热状态分布[32]、软熔带形态[33]等。在高炉冶炼过程中，炉况稳定顺行是炉内多相多场态时空分布达成动态平衡的一种运行状态，维持这种状态是高炉安全生产的保障，是炼铁工业一切技术经济指标及质量指标的基础，是高炉实时监控、操作与调控的首要任务[34]。炉温作为反映高炉稳定顺行的指标之一，一直以来是高炉冶炼过程建模的热点课题。早期，高炉冶金专家根据线性相关用化学温度（铁水［Si］含量）表征炉温，21世纪初，浙江大学刘祥官教授及其团队在消化和吸收国外高炉专家系统的基础上，围绕炉温的化学温度（铁水［Si］含量）预测和建模做了大量的研究工作[22,35]。除了化学温度外，铁水温度一般用于表征炉温的物理温度。近年来，新型传感器技术让出铁口出铁水温度的检测不再困难，现场操作人员也经常用铁水温度与铁水质量作为表征和评价内部运行状态的评判标准。如今，大数据和人工智能成为新的时代主题，基于数据驱动的方法成为研究高炉炉温建模新的热点。内蒙古科技大学崔桂梅团队研究了以高炉铁水温度和铁水硅含量融合表征炉温的预报方法，在时间序列分析的基础上构建了基于神经网络的炉温预报方法[36]。东北大学的周平教授及其团队以柳钢2号高炉的数据和平台为依托，利用数据驱动的方法探索新的炉温预报方法，并在柳钢2号高炉验证其模型，取得了较高命中率和应用效果[37-40]。

1.3.3.3 高炉非正常工况诊断研究

高炉冶炼是在各种条件不断变化的情况下进行的，影响高炉顺行的因素很多，而且千变万化，及时和准确地对高炉炉况做出判断，对于高炉的稳定顺行具有重大意义，也是一项具有挑战性的课题研究。炉况故障通常都是有一定前兆的，是有发展过程的，较大的波动或故障并不是突然发生的。炉况在波动较大时，一般比较容易判断，但在波动较小时，特别是在波动萌芽期和初期，很难判断。炉况波动需要确定波动的根源，区分波动是临时的还是长期的、是全局的还是局部的、是外因引起的还是内因引起的，以及需要采取什么样的调剂方式消除或预防故障炉况发展。高炉炼铁过程是一个多变量、强耦合和高度非线性的复杂生产过程，部分机理模型基于局部过程建立，对于描述炼铁过程全流程的运行动态时仍存在很大局限性。目前，高炉炼铁过程监测方法主要有基于专家系统的方法和数据驱动的方法。刘祥官团队在消化吸收日本 Go-Stop 系统的基础上，针对国内高炉冶炼环境，开发高炉冶炼智能控制专家系统[22]。该系统通过对高炉冶炼过程混合动力学机理的分析，揭示了高炉炉温波动所隐含的非线性能耗规律，对炉况进行综合推断，从而实现异常炉况诊断和炉温预报。然而受可获取数据的时效性和数据完整性等限制，以及复杂冶炼机理的影响，专家系统只能解决部分异常工况的预报问题。随着网络技术和传感器技术的快速发展以及高炉炼铁基础自动化水平的大幅提升，成千上万的传感器实时采集高炉炼铁过程的大量数据，并存储下来。这些数据包含了丰富的反映生产运行规律、运行状况和工艺参数之间关系的潜在信息。如果能有效分析和挖掘这些数据，便可以掌握炼铁过程的生产规律，从而有效地预测和指导生产过程，使高炉生产过程更加准确和智能。同时，相比于传统的机理模型和专家系统，数据驱动的方法需要更少的过程机理和因果关系，而且降低了对故障先验信息的要求[41]。然而高炉炼铁过程规模巨大，结构复杂，大量过程传感器和控制器分布在各个系统中，使得采集到的高炉过程数据具有非常复杂的时空分布特性，最近在仿真数据或者开源数据集上迁移学习、半监督学习等针对样本数据不足的方法都取得了一定的效果，但想要将其应用于复杂的真实工业过程仍然还有漫长的路要走[42]。

1.3.3.4　多工序协同优化与多场相调控研究

高炉是一个由多工序和多个操作子系统组成的复杂多场相调控系统，由于高炉内部关键运行信息的不完备，宏观冶炼机理模型与微观子系统、子工序模型之间缺乏有效的融合统一，因此复杂高炉冶炼过程的操作仍是一个以人为主的多工序复合调度模式，多工序协同优化与多场相调控研究仍是一个具有挑战性的难题。为了更好地调控高炉、保持高炉冶炼过程的平稳性，高炉制度给高炉各个子系统以严苛的约束条件。例如，高炉布料矩阵是一个调节炉料在炉喉空间分布的重要参数，这一参数的制定和调整具有较高的管理权限，一般来说由厂级领导和炉长共同商讨而定。为了维持高炉内部各场相交互的平衡，信息技术领域专家针对高炉特殊的冶炼工艺，在已取得的模糊推理、人工神经网络、支持向量机等智能模型的基础上搭建专家智能控制系统[22]，辅助工长调度与决策，以实现高炉稳定顺行的操作目的。近十几年来，高炉冶炼过程控制的研究，主要集中在子系统或者子工序如何实现自动化或者半自动化的操作。Zeng 等[43]研究了基于数据驱动的高炉铁水［Si］含量的控制方法，Gasparini 等[44]研究了预测焦炭消耗的热化学控制模型，崔桂梅等[45]研究了高炉工艺指标约束下基于炉况分类评价的喷煤优化决策方法，周平等[46]研究了铁水质量无模型自适应控制，Sheng 等[47]研究了基于强化学习的高炉煤气利用率的负荷控制，Azadi 等[48]研究了高效利用高炉焦炭的优化控制方案，Hashimoto 等[49]开发了基于卷积神经网络控制炉温的操作方法[49]，北京科技大学尹怡欣团队研究了料面优化[50]等，在一定程度上给高炉冶炼过程全流程运行优化与控制提供了理论与方法。

1.4　自动控制理论与方法研究概述

1.4.1　常规控制系统与分布参数控制系统的关系

常规控制系统以单输入单输出线性系统（Single-Input Single-Output，SISO）为主要研究对象，如图 1-4 所示，被控系统的数学模型一般由微分方程、差分方程或者传递函数描述。一般来说，典型的 SISO 线性控制系统的微分方程可以表述为：

$$a_n \frac{\mathrm{d}^n y}{\mathrm{d}t^n} + \cdots + a_1 \frac{\mathrm{d}y}{\mathrm{d}t} + a_0 y = b_m \frac{\mathrm{d}^m u}{\mathrm{d}t^m} + \cdots + b_1 \frac{\mathrm{d}u}{\mathrm{d}t} + b_0 u \tag{1-1}$$

式中　y——系统输出信号，也是被控信号；

u——系统输入控制信号；

m，n——系统模型的阶次；

a_i，b_i——系统的模型参数[18]。

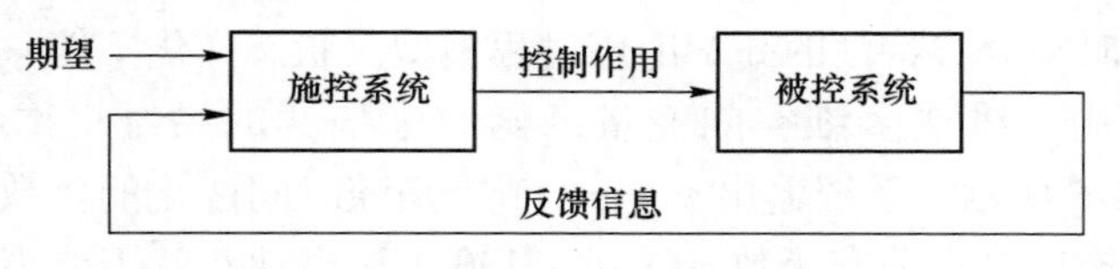

图 1-4　控制系统

相应的传递函数可描述为：

$$G(s) = \frac{b_m s^m + b_{m-1} s^{m-1} + \cdots + b_1 s + b_0}{a_n s^n + a_{n-1} s^{n-1} + \cdots + a_1 s + a_0} \tag{1-2}$$

一般来说，输出动态 y 的阶次 n 不小于输入动态 u 的阶次 m。施控系统是人为加持在被控系统上的，以实现整个被控系统可以按照预期的要求自动完成控制任务。

施控系统由传感器、控制器和执行器构成。传感器用以实时获取系统输出 $y(t)$ 的信号，并与目标期望 r 做比较。控制器则结合系统模型以及系统实时输出信号 $y(t)$ 与期望 r 的误差 $e(t)$，$[e(t) = r - y(t)]$，给出相应的控制律 $u(t)$ 以使输出信号 $y(t)$ 无限接近目标期望 r。PID 控制方法是一个常用的不依赖控制对象数学模型的控制器[17]，其表达式为：

$$u(t)=K_{\mathrm{p}}e(t)+K_{\mathrm{d}}\frac{\mathrm{d}e(t)}{\mathrm{d}t}+K_i\int_0^t e(\tau)\mathrm{d}\tau \tag{1-3}$$

式中，K_{p}、K_{d} 和 K_i 为 PID 调节参数，其参数的合理设置对于控制系统的稳定性、快速性和准确性至关重要。

执行器一般由电动装置构成，用以将控制器计算出的控制信号施加到被控系统，如电动阀门、电机等。

常规控制系统研究的仅仅是变控变量随时间的演变。在经典控制中，传递函数是研究单输入单输出变量动态的主要模型工具，状态空间方程是现代控制理论研究多输入多输出系统动态特征的主要模型工具[51]，一般的通用状态空间方程可描述为：

$$\begin{cases}\dot{\boldsymbol{x}}=f(\boldsymbol{x},\ \boldsymbol{u}),\ \boldsymbol{x}\in\mathbf{R}^n,\ \boldsymbol{u}\in\mathbf{R}^q\\ \boldsymbol{y}=g(\boldsymbol{x},\ \boldsymbol{u}),\ \boldsymbol{y}\in\mathbf{R}^p\end{cases} \tag{1-4}$$

式中，$\boldsymbol{x}$ 为 n 维内部状态变量；$\boldsymbol{u}$ 为 q 维输入变量；$\boldsymbol{y}$ 为 p 维系统输出变量；$f(\cdot)$ 和 $g(\cdot)$ 为变量 $\boldsymbol{x}$、$\boldsymbol{u}$ 的一般函数关系。

由式（1-2）和式（1-4）可见，传递函数和状态空间方程都是基于微分/导数关系给出系统模型描述的方法。

高炉冶炼过程中炉内空间分布的多场耦合交互、物质流与能量流分布的动态以及炉况运行状态等不仅具有时间演变特征，而且具有空间分布特征，因而无法用常规控制系统中的有限个变量描述内部多场相交互动态，也不能用常规方法有效地构建具有时空分布特性的高炉冶炼过程模型。状态变化不能只用有限个参数而必须用场，用一维或多维空间变量的函数来描述的系统，称为分布参数系统[52]。如图 1-5 所示，系统输出 $\boldsymbol{\gamma}(y,u,t)$ 既是随时间变化的函数，又是与控制变量 $\boldsymbol{u}$ 相关的空间动态分布函数 $\boldsymbol{\gamma}(y)$，其输入输出动态就不能简单地用微分关系构建，而需要用偏微分方程描述，即

$$f\left(\frac{\partial\boldsymbol{\gamma}(y,u,t)}{\partial t},\ \frac{\partial\boldsymbol{\gamma}(y,u,t)}{\partial y},\ \frac{\partial\boldsymbol{\gamma}(y,u,t)}{\partial u},\ u\right)=0 \tag{1-5}$$

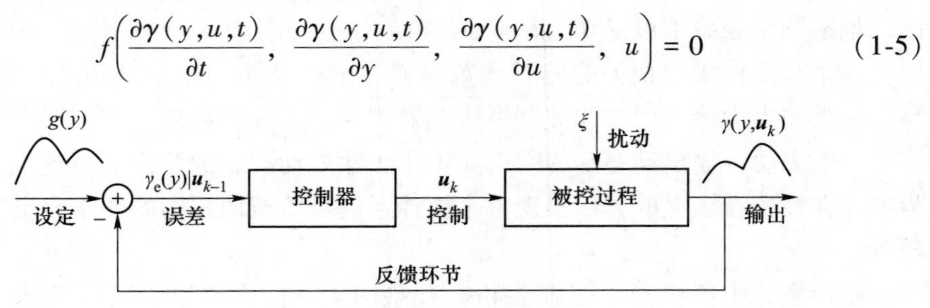

图 1-5 输出为分布函数的一类控制系统

如果将空间分布的动态 $\boldsymbol{\gamma}(y)$ 集中到一个点上由动态变量 y 描述，则分布参

数系统简化为集中参数系统，如今大多数的经典控制问题在集中参数系统领域基本已被解决。

分布参数系统主要由偏微分方程、泛函微分方程、积分微分方程、积分方程、Banach 或 Hilbert 空间中的抽象微分方程描述，在控制系统应用中具体用哪种数学工具描述则由所针对的研究问题而定[53]。1954 年，钱学森在《工程控制论》中讨论了热传导过程的分布参数系统问题，20 世纪 60 年代以后，现代偏微分方程和泛函分析理论成果的应用，为分布参数系统的研究提供了有效的研究工具[54]。20 世纪 70 年代，国外专家学者开始运用分布参数理论构建钢坯温度分布模型和加热炉过程控制模型，在实现钢坯温度分布估计的基础上，以钢坯出炉时内部温度分布满足轧制需要为目的，研究了加热炉的控制与优化问题。随着现代科学技术的发展，高质量发展空间飞行、柔性机器人、化工过程、核聚变工程等控制工程实践的需要，分布参数系统的控制问题已经成为一个十分重要的研究领域[55]。2010 年，中国载人航天工程总设计师周建平指出当代控制理论研究问题中的一个非常值得重视的研究方向就是由集中参数系统发展到分布参数系统[52]。

1.4.2 输出为分布函数的一类控制系统

在分布参数系统研究领域中，有一类系统输出为分布函数的控制问题，如造纸过程纤维长度分布、纸张的小孔尺寸分布与白水池中絮凝颗粒尺度分布[56]、燃烧过程的火焰形状分布[57]、磨矿过程中的粒度分布[58]，以及化工过程的聚合分子量分布[59]等，这类问题的操作变量则为由标量或向量表示的点控制量，如造纸过程中的助留剂（化学添加剂）[56]，燃烧过程中的燃料、氧气以及位置等[57]，磨矿过程中的水量、药剂量、球磨机与棒磨机速度等[60]，化工苯乙烯聚合反应过程中的温度以及引发剂浓度等[59]。

图 1-5 给出了一类输出为分布函数的控制系统的架构描述。该控制系统的输出是一个二维分布函数 $\gamma(y,\ \boldsymbol{u}_k)$ 而非常规控制系统中的单变量或多变量输出，设定也是一个分布函数 $g(r)$ 而非常规控制中的单点或多点设定值，同时，误差也是一个与操作参数相关的分布函数 $\gamma_e(y)|\boldsymbol{u}_{k-1}$。由于系统输出为二维分布函数，一类输出为分布函数的控制系统在模型表达、系统建模、控制器设计与期望的分布设定等方面带来新的问题，用常规建模、控制与优化的理论与方法根本无法解决。如果用偏微分方程描述系统的动态过程，在实际工程实践中构建模型、求解控制策略以及如何工程实现仍然十分困难。

1.4.3 随机分布控制系统研究现状

鉴于描述被控系统中温度场、电磁场、纤维长度分布的分布函数的积分需要满足集中控制系统中热量、磁通、频次等约束，英国曼彻斯特大学王宏教授针对造纸过程中存在的纤维长度分布、纸张的小孔尺寸分布与白水池中絮凝颗粒尺度分布的控制问题，以概率密度函数描述一类被控系统的输出，在 1998 年提出了有界随机分布的建模与控制理论[56]，为一类输出为分布函数的控制系统建模、优化、控制提供了理论框架，自此，随机分布控制系统的研究开始成为控制理论与应用中最具活力的研究领域之一。

王宏在其所著的《有界动态随机系统的建模与控制》中，详细地介绍了随机分布控制思想的来源，基于 B 样条拟合输出概率密度函数的模型表达，随机分布控制的可控性、客观性以及稳定性等概念，控制器设计方法等[56]，由于理论体系初创，以概率密度函数形状控制为特征的有界随机分布系统的建模、控制与优化还存在着一定的局限性。周靖林针对 B 样条模型拟合概率密度函数时常会得到一些不满足非负性要求权值向量的问题，提出了平方根 B 样条模型和有理平方根 B 样条模型的随机分布系统描述方法[61]。姚丽娜针对随机系统的故障诊断和容错控制，设计了故障检测与诊断观测器，利用诊断观测器的状态信息和故障估计信息进行控制器重组，实现了有理平方根逼近的非高斯随机分布系统的容错控制[62]。北京航空航天大学郭雷教授从系统学与信息学的本质出发，提出了一套基于分布泛函和统计信息驱动的随机分布系统稳定性分析和渐进跟踪控制方法，基于泛函算子描述的非高斯随机分布系统模型，提出了一类分布泛函驱动的随机分布系统的概率密度跟踪控制的优化方法[57]。刘云龙针对建模干扰和不确定系统动态，研究了复杂动态随机系统的抗干扰控制问题[63]。张淇淳针对多输入系统研究了随机分布系统的随机解耦控制问题[64]。

为了将随机分布控制理论的研究成果付诸实践，李明杰针对造纸工业上游工序磨浆过程输出纤维长度随机分布控制，根据工业数据构建了基于数据的输出纤维长度随机分布模型，设计了预测输出概率密度函数的控制器，实现了对磨浆过程期望输出概率密度函数的跟踪控制[65]。孙绪彬针对锅炉燃烧器喷射的火焰射流温度场控制，在火焰图像采集技术、图像处理技术和火焰温度场重建技术基础上利用二维 B 样条模型对截面温度场进行建模，设计了火焰温度场的控制方法[66]。针对化工过程苯乙烯本体聚合过程分子量分布问题，张金芳综合利用随机分布建模与控制理论、迭代学习控制、广义预测控制、自适应控制研究了苯乙烯聚合动态过程分子量分布的建模与控制[59,67]。为了更好地将有界随机分布系统的建模与控制理论与方法付诸实践，李明杰设计和开发了一套盘磨系统的粉体粒度分布控制装置，便于实验室检验现有的理论与方法的可行性[68]。

1.5 高炉装料过程自动化的研究现状

针对复杂高炉冶炼过程中存在的多时空分布的操作变量以及炉内物理化学反

应机理作用下的多场相动态平衡，高炉专家在宏观反应机理的架构下，根据多年来积累的现场操作经验，将高炉操作划分为5个具体的操作制度：装料制度、冷却制度、喷吹制度、加热制度和出铁制度，在工长制操作模式下依据经验以及现场运行检测信息调控操作变量使炉内物理化学反应平衡和各物理场时空分布达到或者维持在炉况平稳顺行的工作状态。高炉装料制度是将矿石和焦炭从炉顶送入高炉这个巨型密闭反应釜的进料环节。然而，由于大型高炉炉内冶炼空间巨大，高炉装料制度不仅肩负配料、上料到进料的任务，而且还担负炉料在炉喉合理分布的“特殊”任务。

1.5.1 高炉装料过程配料与上料基础自动化

随着高炉大型化的发展，入炉原燃料的质量要求也不断提高，同时随着矿资源的变化、国内烧结和球团技术的发展，炉料结构不断调整和优化。相比于天然采集的块矿，高碱度烧结矿和酸性球团矿是经过预处理和再加工的“熟”矿。经过烧结和球团工艺再加工的熟料，其含铁品位、还原性以及冶金性能要优于生矿。提高熟料用量有利于高炉稳产、稳定热制度、炉况顺行，但增加了前期烧结和球团工艺的能耗与成本。在保证高炉稳定顺行的前提下合理地调配和优化入炉炉料结构有利于降低整体钢铁全流程能耗，减少冶炼成本。通常，高炉熟料比不低于75%[10]，大型高炉炉料结构大致为烧结矿75%、球团矿15%、块矿10%[69]，宝钢和首钢等企业块矿比例可达15%~20%[70-71]。

焦炭是高炉冶炼的重要原燃料，不仅为高炉冶炼提供热量和还原剂，还是高炉炉缸中高温铁水的渗碳剂，同时对高炉内部料柱起支撑骨架作用。每冶炼1 t铁水所消耗的焦炭量称为焦比，每冶炼1 t生铁所消耗的等价燃料总量称为燃料比，应用物料平衡和热平衡联合求解计算单位生铁的焦炭、矿石、煤粉、容积等消耗量，在安全生产的前提下降低燃料比和焦比是当下大型高炉节能降耗和低成本冶炼的主体任务。

高炉装料是一个间歇过程，矿石和焦炭分批次从炉顶间歇装入高炉炉喉，一个批次的炉料包含矿石和焦炭两种不同批重的炉料。以某钢厂2号高炉为例，每批入炉炉料中矿石批重约60 t，焦炭12~15 t，每日160~180批炉料从炉顶装入高炉，间隔时间8~9 min。换句话说，短短的8~9 min内需要完成75 t左右的炉料入炉，即矿石和焦炭按照既定的配比完成称重、装车、上料以及布料。

高炉槽下配料称重子系统是高炉装料制度的一个部分，由料仓、称量系统以及皮带传送装置组成。待入炉的焦炭、烧结矿、球团矿、生矿以及熔剂等炉料由上游原料加工和运送环节安置在30多个处在不同位置的备料仓中，高炉配料的任务就是按照高炉操作工艺要求将各种炉料从备料仓中按照一定配比和顺序称量出来，装入料车/上料皮带，继而由卷扬上料子系统装入炉顶料仓[10,22]。

卷扬上料子系统也是高炉装料制度的一环，是槽下称重子系统的后序操作，负责将大批重的矿石和焦炭，在规定的时间内依序从炉底运送至高 80 余米的炉顶料仓中。由于矿石和焦炭的存储料仓在不同位置，因此一般来说，由两条可控上料皮带传送装置分别负责焦炭和矿石的上料操作。

如今，槽下配料称重子系统与卷扬上料子系统的基础自动化与过程监控均已完善，然而布料环节则仍需要结合炉况的实时运行状态由炉长/工长手动调控。

1.5.2　布料操作对大型高炉平稳运行的重要性

高炉布料是高炉装料制度中的一个重要环节，是高炉冶炼过程中调节炉况运行状态的上部手段，现场称其为“上部调剂”。上料装置按预先设定的批重将矿石和焦炭分批次交替装入炉顶料箱，如图 1-6（a）所示。随着冶炼的持续进行，炉喉料面不断下降，炉长/工长参考料线的高度操作炉顶储料箱的下料开关，炉料流经旋转溜槽后装入高炉料位上升，如图 1-6（b）所示。受控于布料器操作旋转溜槽的运行机制，颗粒状的炉料在从炉顶料箱装入高炉时经由一个旋转溜槽后在炉喉处形成一定的厚度分布，如图 1-6（c）所示。在布料操作中，布料器通过设定的布料矩阵实现炉料（矿石和焦炭）在炉喉的料层厚度分布，调整炉内矿石与焦炭层的负荷分布、料柱三维孔隙度分布以及与煤气流分布的交互，进而影响整个炉况的动态变化。随着大型高炉慢慢涌现在人们的视野，单炉产量大幅提高，一旦高炉炉况失常，损失就会十分惨重，甚至拖垮整个企业，因此在高炉装料过程中合理地实时调节炉料分布对于大型高炉安全生产、稳定顺行以及绿色生产具有重要意义。

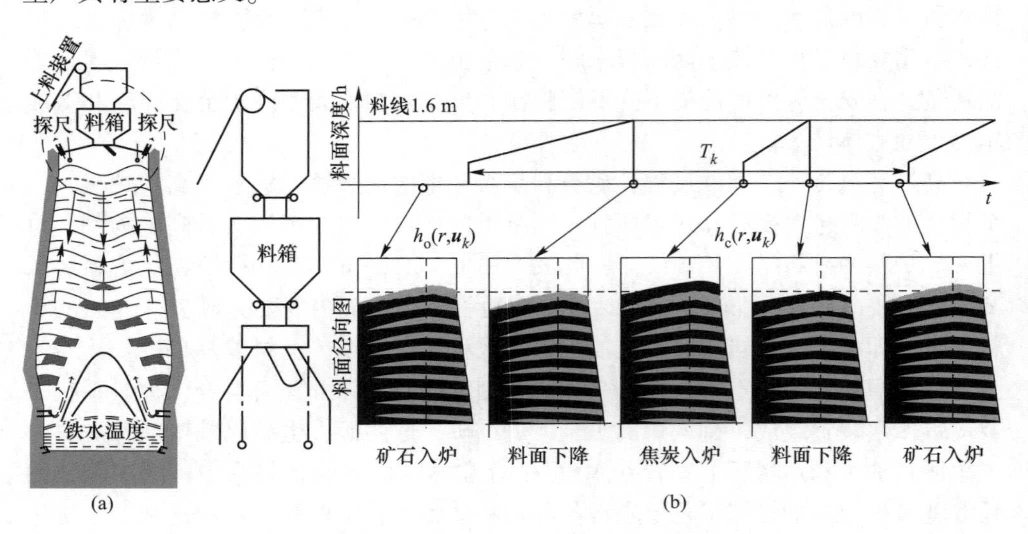

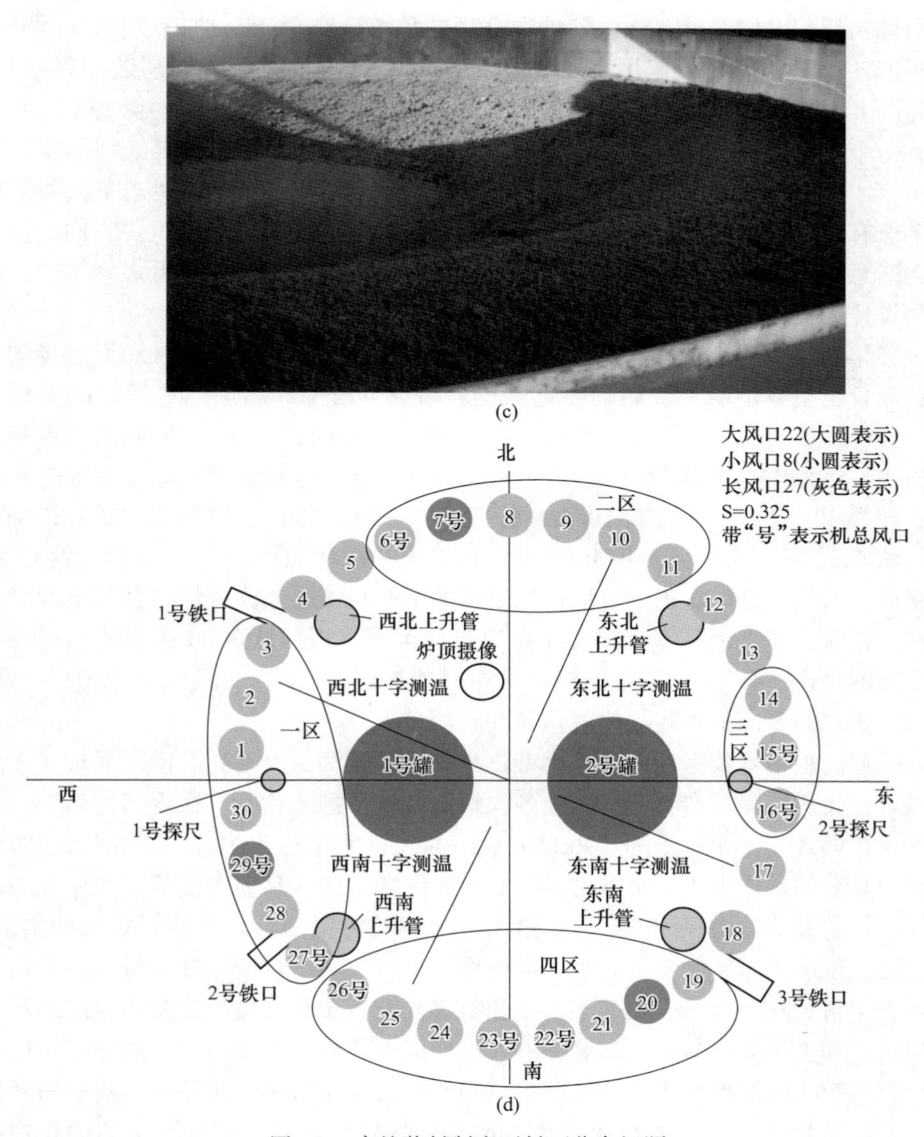

图 1-6　高炉装料制度下料面分布问题

（a）高炉；（b）高炉间歇装料制度；（c）炉喉料面分布实景；（d）监控现场俯视图

然而在高炉冶炼初期，人们也只关心炉料的装入，并没有意识到炉料在炉喉分布对高炉冶炼生产过程的影响。2000 多年前的西汉，我国已经有 50 m^3 的巨型高炉，当时还不懂布料，煤气利用率极差，每冶炼 1 t 铁就要用 7~8 t 木炭，燃料消耗极高。在欧洲，阿格里科拉在《论金属》中描述了 16 世纪北欧高炉生产状况，高炉较小，炉料从固定的加料平台的一侧由人工直接倒入[11]。显然，高炉冶炼初期，人们并没有认识到炉喉合理的炉料分布对于高炉稳产、炉况调节、燃料消耗、安全生产的作用。18 世纪的一幅炼铁图描述了法国高炉加料情形，在高炉上方炉喉周围有一层平台，加料工人沿炉喉周围进行加料，倒料工人对面还有一个人负责用工具平料，以改善炉料在炉喉的分布，提高煤气利用率。至 1850 年，英国率先在高炉冶炼过程中应用了巴利式布料器。巴利式布料器是第一个兼有布料和煤气回收的炉顶设备，它开拓了现代料面分布的重要方向，使人们逐渐意识到可以通过改变高炉布料情形来改善煤气利用进而降低燃料消耗，研究与设计人员开始更加关注高炉布料的运行机理。

多年的实践和经验告诉我们，高炉布料不仅影响初始料面形状和温度场的分布，而且也是高炉稳产、高炉稳定顺行、高炉事故率和高炉燃料消耗的关键环节[7,11,22,34]。如某钢厂 2014 年 5 月和 7 月的给料批数、生铁产量以及燃料消耗数据为：5 月进料 10129 批，生产生铁 163802. 4 t，燃料比 581 kg，每批进料铁矿石产铁 32. 35 t；7 月进料 10543 批，生产生铁 184086 t，燃料比 522 kg，每批进料铁矿石产铁 34. 92 t，明显看出 7 月的炉况运行状况良好，燃料消耗较小，事故率低。人们在开始意识到可以通过改变高炉布料情形来改善煤气利用进而降低燃料消耗时，才慢慢开始更加关注高炉布料运行机理。从 3000 年前原始的高炉在中国的出现，到 19 世纪英国巴利式布料器高炉的出现，可以看出高炉冶炼技术的进步总是与高炉布料规律的认知和利用分不开。

随着高炉冶炼技术的发展，小型化高炉逐渐淘汰，大型高炉慢慢涌现在人们的视野，无料钟多环布料器已经在各大钢铁企业得到了普及。在现行的高炉多环布料操作模式下，布料矩阵（Burden Distribution Matrix，BDM）是大型高炉布料操作中重要的操作参数，由溜槽倾角和旋转圈数构成，是旋转溜槽按时序在布料期间执行的具体参数序列。表 1-2 给出了包钢与柳钢两个高炉布料矩阵的实例。现阶段大型高炉布料大多由高炉专家根据高炉参数及运行情况针对特定高炉定制具体的布料矩阵。高炉工长基于料线和料速，选择布料开关并按照固定的布料矩阵把矿石和焦炭等炉料装入高炉炉喉，以形成合适的三维料面形状和炉喉温度分布。在高炉实际操作过程中，考虑工长和炉长操作能力之间的差异、高炉布料矩阵对于炉况稳定运行的重要性，高炉布料矩阵的制定和调整具有最高的管理权限，一般来说高炉布料制度的调整要由厂级领导和炉长共同商讨而定。受调节权限的限制，大型高炉布料操作中所执行的布料矩阵均为定常参数，炉长和工长只需按既定的布料矩阵适时地打开布料开关把矿石和焦炭等炉料装入高炉，无法对炉况的运行状态进行实时的反馈和调整，存在很大的局限性，给高炉稳定顺行、高炉稳产、原燃料消耗等诸多指标带来较大的负面作用。

表 1-2 高炉布料矩阵

钢厂	装料形式	设定值	环 1	环 2	环 3	环 4	环 5	环 6
包钢	焦炭	溜槽倾角/(°)	42.5	40	37.5	34.5	31.5	13.5
		溜槽旋转圈数	2	3	2	2	2	2
	矿石	溜槽倾角/(°)	42.5	40	37.5	34.5	31.5	13.5
		溜槽旋转圈数	3	3	3	2	2	
柳钢	焦炭	溜槽倾角/(°)	33	31	28	25	22	10
		溜槽旋转圈数	4	2	2	2	1	2
	矿石	溜槽倾角/(°)	32	29	27	24	17	
		溜槽旋转圈数	3	2	2	2	1	

1.5.3 高炉装料过程布料模型与控制的研究现状

高炉布料是高炉炉况运行状态调整的重要手段之一，由于料面输出特性对于高炉生产、操作以及平稳运行具有重要作用，高炉布料成为冶金、传感器和检测技术、控制科学以及数学等诸多领域的热点研究问题。

围绕高炉布料规则的制定与完善，刘云彩从粒子运动的力学分析，系统剖析了炉料在溜槽碰点直到落入炉内的运行轨迹，给出了炉料粒子速度方程、高炉炉料的轨迹方程以及高炉布料方程[11]。在刘云彩布料方程的基础上，钢铁企业、冶金院校以及科研院所等机构与团队从不同的角度对高炉布料过程进行剖析。程树森等重点分析了料流宽度对于布料轨迹和布料规则的影响，给出了以料流宽度作为划分布料档位的布料矩阵调节思路[72-74]。吴敏等重点分析了布料节流阀处料流初始速度对布料轨迹、料面的影响，给出了改进的料流模型、料流轨迹模型、炉料分布模型等[75-77]。除此之外 Xu 等[78]、Ren 等[79]和 Shi 等[80]也围绕料流轨迹模型做了大量的研究工作。这一系列的研究成果为高炉布料规则和布料矩阵的修正提供了技术支撑，在促进我国高炉冶炼技术的提高与进步方面起到了积极的作用。

高炉布料是一个以分布参数为特征的系统，炉料在炉喉的分布是一个空间与时间的动态分布函数，而不是常规控制理论意义上的变量或多变量，传统的探尺、重锤等测量数据并不能对高炉内部的料面分布做一个整体描述。为了检测和描述炉料在炉喉的实时分布，在传感器和检测技术领域活跃着一类以实时扫描高炉内部料面空间分布形态为目的的研究热点[25-27,81-83]，国内的北京科技大学、中南大学和国外的普渡大学等科研团队综合利用滤波技术、信息融合技术以及软测量技术在雷达、超声波、红外等传感器理论基础上对高炉炉喉料面分布进行时空扫描，以期给出炉内三维料面可视化的分布形态时空动态变化数据[81-83]。苏联冶炼专家早在20世纪中叶就围绕着炉料的物料堆角做过细致的研究与实践，并给出了不同炉料的堆角大小及修正量[11]。芬兰学者 H. Saxén 在20世纪90年代给出了以探尺和重锤数据描述料面动态的检测手段[84]，2014年在物料堆角和料流轨迹模型的基础上又给出了一种基于线性分段函数的顶层料面分布形状的描述方法[85]。随着计算机和仿真技术的发展，近年来离散单元法在冶金领域得到越来越多的关注。日本学者 Mio 等[86]为了更好地优化高炉布料操作，利用离散单元法对炉料在炉喉处的料面分布特性进行了细致的分析。印度学者 Nag 等[87]通过对一定比例的高炉实施布料实验，给出了一种顶层料面分布形状的高斯函数描述。美国普渡大学的周谦从流体力学中势流的角度研究和分析了高炉料层动态下降的过程[88]。

在雷达料面扫描技术和布料模型的基础上，北京科技大学尹怡欣团队通过综合分析生铁产量、燃料消耗等技术指标数据，用聚类的方法研究了料面分布形态的运行范式。其中，李晓理在多模型自适应切换原理和模糊 SVM 料面分类的基础上给出了实时根据运行状态匹配操作变量的料面控制方案[89]；而李艳姣则在多目标数据驱动的基础上研究高炉平稳运行的最佳料面分布形态[90]。

综上所述，现阶段国内外的研究大多是站在冶金学的角度以布料操作规律的认知和布料操作模式的优化为出发点的研究，在一定程度上协助了高炉布料操作的优化与进步。然而，高炉装料操作过程料面空间分布是受控于布料矩阵的被控变量，上述研究内容却鲜有研究这一因果关系的模型与控制。Saxén 和周谦从高炉冶炼机理的角度研究和分析了布料矩阵所形成的炉料分布以及对下料动态的影响[85,88]，但并没有涉及如何结合其他高炉运行数据优化料面形态分布，如何控制布料矩阵以实现期望的料面形态分布以维持炉况的稳定顺行等控制问题。李艳姣给出了高炉运行的最佳料面分布的设定形状，但没有给出如何调节布料矩阵以实现分布形态的控制[90]。李晓理在多模型匹配原则下给出了料面分布的控制策略，但并没有给出如何计算布料矩阵以实现期望的料面厚度分布控制[89]。

如今，高炉布料矩阵的制定与调整仍由现场经验丰富的专家来实施，高炉布料过程自动化的发展仍然是任重道远。

参 考 文 献

[1] 上官方钦，殷瑞钰，崔志峰，等．钢铁工业低碳化发展［J］．钢铁，2023，58（11）：120-131.

[2] 张勇．高炉装料过程料面输出形状的建模与控制［D］．沈阳：东北大学，2022.

[3] 邢奕，崔永康，田京雷，等．钢铁行业碳中和低碳技术路径探索［J］．工程科学学报：1-12.

[4] 赵紫薇，孔福林，童莉葛，等．基于“3060”目标的中国钢铁行业二氧化碳减排路径与

潜力分析 [J]. 钢铁，2022，57 (2)：162-174.
[5] 何文波. 坚持创新引领全面推进钢铁工业高质量发展 [N]. 中国冶金报，2020-08-04 (3).
[6] 刘斓冰，徐金梧，陈士英. 钢铁行业智能制造标准化成效与展望 [J]. 工业技术创新，2023，10 (1)：1-8.
[7] 周传典. 高炉炼铁生产技术手册 [M]. 北京：冶金工业出版社，2002.
[8] 刘小杰，张玉洁，刘然，等. 高炉炼铁智能化发展的研究现状与展望 [J]. 钢铁研究学报，2024：36 (5)：545-559.
[9] 费静，车玉满，郭天永，等. 智慧高炉集约化管控大数据应用平台研究与开发 [C]//中国金属学会，第十四届中国钢铁年会论文集，北京：冶金工业出版社，2024，48 (5)：12-20.
[10] 项钟庸，王筱留. 高炉设计：炼铁工艺设计理论与实践 [M]. 北京：冶金工业出版社，2009.
[11] 刘云彩. 高炉布料规律 [M]. 北京：冶金工业出版社，2012.
[12] 王训富. 大型高炉炉缸侵蚀机理与长寿研究 [D]. 上海：上海大学，2018.
[13] 牛群. 长寿高炉炉缸炉底影响因素研究 [D]. 北京：北京科技大学，2019.
[14] 张寿荣，姜曦. 中国大型高炉生产现状分析及展望 [J]. 钢铁，2017，52 (2)：1-4.
[15] 郭艳永. 全球 5000 m^3 以上特大型高炉情况汇总 [N]. 世界金属导报，2020-10-20 (B03).
[16] 杨天钧，张建良，刘征建，等. 化解产能脱困发展技术创新实现炼铁工业的转型升级 [J]. 炼铁，2016，35 (3)：1-10.
[17] 周献中. 自动化导论 [M]. 2版. 北京：科学出版社，2014.
[18] 胡寿松. 自动控制原理 [M]. 7版. 北京：科学出版社，2019.
[19] 代伟，柴天佑. 数据驱动的复杂磨矿过程运行优化控制方法 [J]. 自动化学报，2014，40 (9)：2005-2014.
[20] 李昊堃. 太钢高碱度碱性球团矿制备及应用技术基础研究 [D]. 北京：北京科技大学，2020.
[21] 翁永鹏. 基于数据驱动的焦炉集气过程滑模控制方法及应用研究 [D]. 沈阳：东北大学，2017.
[22] 刘祥官，刘芳. 高炉炼铁过程优化与智能控制系统 [M]. 北京：冶金工业出版社，2003.
[23] 刘文仲. 中国钢铁工业智能制造现状及思考 [J]. 中国冶金，2020，30 (6)：1-7.
[24] 安剑奇. 基于多源信息融合的高炉料面温度场在线检测系统研究以及应用 [D]. 长沙：中南大学，2011.
[25] 徐海宁，熊良勇，陈先中，等. 一种摆动雷达高炉料面检测仪的研发与应用 [J]. 冶金自动化，2021，45 (3)：101-109.
[26] 薛庆斌. 三维激光扫描技术在高炉料面测量中的应用 [J]. 炼铁，2016，35 (3)：56-59.

[27] Chen Z, Jiang Z, Gui W, et al. A novel device for optical imaging of blast furnace burden surface: parallel low-light-loss backlight hightemperature industrial endoscope [J]. IEEE Sensors Journal, 2016, 16 (17): 6703-6717.

[28] 潘冬，蒋朝辉，许川，等．高炉铁水温度检测方法的研究进展［J］. 仪器仪表学报，2023，44（12）：280-296.

[29] 潘玉柱．高炉含铁炉料交互作用及其对软熔带透气性影响研究［D］. 北京：北京科技大学，2020.

[30] Fu D, Chen Y, Zhou Q. Mathematical modeling of blast furnace burden distribution with non-uniform descending speed [J]. Applied Mathematical Modelling, 2015, 39 (23): 7554-7567.

[31] 徐文轩．高炉布料偏析优化及炉内气固两相流动特征研究［D］. 北京：北京科技大学，2020.

[32] Li J, Zhu R, Zhou P, et al. Prediction of the cohesive zone in a blast furnace by integrating CFD and SVM modelling [J]. Ironmaking and Steelmaking, 2021, 48 (3): 284-291.

[33] 杨贵军，蒋朝辉，桂卫华，等．基于熵权-可拓理论的高炉软熔带位置状态模糊综合评判方法［J］. 自动化学报，2015，41（1）：75-83.

[34] 傅世敏，刘子久，安云沛．高炉过程气体动力学［M］. 北京：冶金工业出版社，1990.

[35] Saxen H, Gao C, Gao Z. Data-driven time discrete models for dynamic prediction of the hot metal silicon content in the blast furnace-: A review [J]. IEEE Transactions on Industrial Informatics, 2013, 9 (4): 2213-2225.

[36] 崔桂梅，李静，张勇，等．高炉铁水温度的多元时间序列建模和预测［J］. 钢铁研究学报，2014，26（4）：33-37.

[37] 周平，王宏，柴天佑．数据驱动建模、控制与监测——以高炉炼铁过程为例［M］. 北京：科学出版社，2022.

[38] 宋贺达，周平，王宏，等．高炉炼铁过程多元铁水质量非线性子空间建模及应用［J］. 自动化学报，2016，42（11）：1664-1679.

[39] 李温鹏，周平．高炉铁水质量鲁棒正则化随机权神经网络建模［J］. 自动化学报，2020，46（4）：721-733.

[40] 陈建华，周平．高炉炼铁过程铁水质量的运行优化控制［J］. 控制工程，2020，27（7）：1136-1141.

[41] Rong J, Zhou P, Zhang Z, et al. Quality-related process monitoring of ironmaking blast furnace based on improved kernel orthogonal projection to latent structures [J]. Control Engineering Practice, 2021, 117: 104955.

[42] 荣键．基于多元统计分析的高炉炼铁过程监测方法研究［D］. 沈阳：东北大学，2022.

[43] Zeng J, Gao C, Su H. Data-driven predictive control for blast furnace ironmaking process [J]. Computers and Chemical Engineering, 2010, 34: 1854-1862.

[44] Gasparini V, Castro L, Quintas A, et al. Thermo-chemical model for blast furnace process control with the prediction of carbon consumption [J]. Journal of Materials Research and

Technology，2017，6（3）：220-225.

［45］崔桂梅，陈荣，马祥，等．基于高炉炉况评价和反馈补偿的喷煤量决策优化［J］．控制与决策，2020，35（11）：2803-2809.

［46］温亮，周平．基于多参数灵敏度分析与遗传优化的铁水质量无模型自适应控制［J］．自动化学报，2021，47（11）：2600-2613.

［47］Sheng X，An J，Wu M，et al. Burden control strategy based on reinforcement learning for gas utilization rate in blast furnace［C］//IFAC-PapersOnLine，2020，53（2）：11704-11709.

［48］Azadi P，Klock R，Engell S. Efficient utilization of active carbon in a blast furnace through a Black-box model-based optimizing control scheme［C］. IFAC-PapersOnLine，2021，54（3）：128-133.

［49］Hashimoto Y，Masuda R，Yasuhara S. An operator behavior model for thermal control of blast furnace［J］. ISIJ International，2021，62（1）：157-164.

［50］李艳姣，张森，尹怡欣，等．基于数据驱动的高炉料面优化决策模型研究［J］．控制理论与应用，2018，35（3）：324-334.

［51］张嗣瀛，高立群．现代控制理论［M］．北京：清华大学出版社，2006.

［52］季慧慧．基于采样数据的分布参数系统控制研究［D］．无锡：江南大学，2020.

［53］芦璐．分布参数系统的动态边界反馈控制与镇定［D］．北京：北京理工大学，2016.

［54］刘志杰，欧阳云呈，宋宇骅，等．分布参数系统的平行控制：从基于模型的控制到数据驱动的智能控制［J］．指挥与控制学报，2017，3（3）：177-185.

［55］周璇．大型立式淬火炉温度分布参数系统控制策略研究和应用［D］．长沙：中南大学，2006.

［56］Wang H. Bounded dynamic stochastic distributions：Modelling and control［M］. London：Springer-Verlag，2000.

［57］Guo L，Wang H. Stochastic distribution control：Matrix inequality approach［M］. London：Springer-Verlag，2009.

［58］Zhou D，Dai W，Chai T Y. Multivariable disturbance observer based advanced feedback control design and its application to a grinding circuit［J］. IEEE Transaction on Control Systems Technology，2014，22（4）：1474-1485.

［59］Zhang J，Yue H，Zhou J. Predictive PDF control in shaping of molecular weight distributionbased on a new modeling algorithm［J］. Journal of Process Control，2015（30）：80-89.

［60］周平．复杂磨矿过程运行反馈控制方法及应用研究［D］．沈阳：东北大学，2013.

［61］周靖林．PDF控制及其在滤波中的应用［D］．北京：中国科学院自动化研究所，2005.

［62］姚利娜．非线性系统和非高斯随机系统的故障诊断和容错控制［D］．北京：中国科学院自动化研究所，2006.

［63］刘云龙．具有随机噪声的多源干扰控制方法研究［D］．北京：北京航空航天大学，2014.

［64］Zhang Q，Zhou J，Wang H，et al. Output feedback stabilization for a class of multi-variable bilinear stochastic systems with stochastic coupling attenuation [J]. IEEE Transactions on Automatic Control, 2017, 62 (6): 2936-2942.

[65] 李明杰，周平．磨浆过程输出纤维长度随机分布预测 PDF 控制 [J]. 自动化学报，2019，45 (10)：1923-1932.

[66] 孙绪彬．输出 PDF 建模与控制及其在火焰温度场中的应用 [D]. 北京：中国科学院自动化研究所，2007.

[67] 张金芳．输出概率密度函数建模、控制及在分子量分布控制中的应用 [D]. 北京：中国科学院自动化研究所，2005.

[68] 李明杰，周平，赵向志，等．面向盘磨系统粉体粒度的随机分布控制实验装置及方法：CN109847921A [P]. 2019-06-07.

[69] 毛庆武，章启夫，李欣，等．特大型高炉使用高比例球团矿技术研究及应用 [J]. 炼铁，2020，39 (6)：1-6.

[70] 王晓哲，张建良，刘征建，等．块矿对高炉炉料冶金性能的影响 [J]. 钢铁研究，2017，45 (5)：1-5.

[71] 刘鹏飞，郑丽丽，郭卓团，等．蒙古铁矿块矿直接入炉基础冶金性能 [J]. 钢铁研究学报，2019，31 (10)：882-888.

[72] 朱清天，程树森．高炉料流轨迹的数学模型 [J]. 北京科技大学学报，2007，29 (9)：932-936.

[73] 杜鹏宇，程树森，胡祖瑞，等．高炉无钟炉顶布料料流宽度数学模型及实验研究 [J]. 钢铁，2010，45 (1)：14-18.

[74] 杜鹏宇，程树森，白延明，等．建议无钟布料采用料流宽度划分布料档位 [J]. 炼铁，2010，29 (1)：37-40.

[75] 吴敏，许永华，曹卫华．无料钟高炉布料模型设计与应用 [J]. 系统仿真学报，2007，19 (21)：5051-5055.

[76] 吴敏，聂秋平，许永华，等．高炉煤气流分布性能可拓评价方法研究及其应用 [J]. 中南大学学报，2010，41 (3)：1001-1007.

[77] 许永华，吴敏，曹卫华．高炉布料的焦层坍塌建模方法研究 [J]. 中国冶金，2007，17 (6)：30-33.

[78] Xu J, Wu S, Kou M, et al. Circumferential burden distribution behaviors at bell-less top blast furnace with parallel type hoppers [J]. Applied Mathematical Modelling, 2011, 35 (3): 1439-1455.

[79] Ren T, Jin X, Ben H, et al. Burden distribution for bell-less top with two parallel hoppers [J]. Journal of Iron and Steel Research, International, 2006, 13 (2): 14-17.

[80] Shi L, Zhao G, Li M, et al. A model for burden distribution and gas flow distribution of bell-less top blast furnace with parallel hoppers [J]. Applied Mathematical Modelling, 2016, 40 (23): 10254-10273.

[81] Chen X, Wei J, Xu D, et al. 3-Dimension imaging system of burden surface with 6-radars array in a blast furnace [J]. ISIJ International, 2012, 52 (11): 2048-2054.

[82] Fu X, Chen X, Hou Q, et al. An imaging algorithm for burden surface with T-shaped MIMO radar in the blast furnace [J]. ISIJ International, 2014, 54 (12): 2831-2836.

[83] Kaushik P, Fmehall R. Mixed burden softening and melting phenomena in blast furnace operation X-ray observation of ferrous burden [J]. Ironmaking and Steelmaking, 2006, 33 (6): 507-519.

[84] Saxén H, Nikus M, Hinnela J. Burden distribution estimation in the blast furnace from stockrod and probe signals [J]. Steel Research, 1998, 69 (10): 406.

[85] Mitra T, Saxen H. Model for fast evaluation of charging programs in the blast furnace [J]. Metallurgical and Materials Transactions B, 2014, 45 (6): 2382-2394.

[86] Mio H, Komatsuki S, Akashi M, et al. Effect of chute angle on charging behavior of sintered ore particles at bell-less type charging system of blast furnace by discrete element method [J]. ISIJ International, 2009, 49 (4): 479-486.

[87] Nag S, Gupta A, Paul S, et al. Prediction of heap shape in blast furnace burden distribution [J]. ISIJ International, 2014, 54 (7): 1517-1520.

[88] Fu D, Chen Y, Zhou Q. Mathematical modeling of blast furnace burden distribution with non-uniform descending speed [J]. Applied Mathematical Modelling, 2015, 39 (23): 7554-7567.

[89] Li X, Liu D, Jia C, et al. Multi-model control of blast furnace burden surface based on fuzzy SVM [J]. Neurocomputing, 2015, 148: 209-215.

[90] Li Y, Zhang S, Zhang J, et al. Data-driven multi-objective optimization for burden surface in blast furnace with feedback compensation [J]. IEEE Transactions on Industrial Informatics, 2020, 16 (4): 2233-2244.

2 高炉装料与布料操作工艺

2.1 引　言

高炉炼铁作为钢铁工业的上游工序，是将入炉矿石中的铁还原出来，提供给下一工序初炼钢铁的核心环节。高炉是一个密闭多相逆流巨型反应釜，在连续生产过程中炉料需要不断地从高炉炉顶装入[1]，下降的低温炉料和上升的高温煤气流不断进行热量交换和质量交换，将含铁炉料中的铁还原成液态生铁，高温铁水再从底部炉缸的出铁口排出。其中，持续不间断的装料是高炉连续生产的保障。随着高炉大型化的发展，1000 m^3 以下高炉逐渐被淘汰。以 2500 m^3 包钢 6 号高炉冶炼过程为例，每分钟从炉顶炉喉装入的炉料高达十余吨，而常规化工反应釜的进料量往往只有几十千克到几百千克，可见大型高炉与其他过程控制相比，其进料量不是一个数量级。常规反应釜的进料环节可由调节阀控制，然而大型高炉的特殊性使得高炉装料环节具有复杂的工艺要求和控制难题。

高炉装料既是依工艺需求所设计的进料规程，也是高炉冶炼操作的一个制度，负责将大批重的矿石和焦炭按工艺要求从炉顶装入炉喉。高炉装料工艺的特殊性在于它不仅是调节进料速度的环节，而且还担负着调节炉喉料面分布的特殊任务。高炉布料是高炉装料工艺中很重要的一环。随着高炉冶炼技术的发展，小型化的高炉逐渐淘汰，大型高炉慢慢涌现在人们的视野，无料钟多环布料器已经广泛应用在各大钢铁企业。在现行的高炉多环布料操作模式下，布料矩阵是高炉布料操作中调节炉料在炉喉分布的重要参数，是布料器在布料过程所执行的规则，是影响炉喉炉料分布的直接因素。在高炉实际操作中，炉料调节和送风调节是高炉运行状态调整的两种主要手段，即上部调剂和下部调剂，上部炉料与下部送风之间的耦合逆向交互是炉况稳定顺行的关键环节，同时也是高炉安全、稳产、高效和节能的关键环节。

针对高炉现场冶炼操作的实际情况，本章将在详细介绍高炉装料制度与布料操作工艺的基础上，深入剖析高炉冶炼过程对装料工艺的技术需求，并引出高炉冶炼过程自动化中高炉装料制度中炉喉料面输出形状的建模与控制问题。

2.2 高炉冶炼操作中的装料与布料工艺描述

对于常规连续生成作业的反应釜来说，如图 2-1（a）所示，原料输入 q_{in} 是一个连续操作变量（几千克/分钟），可由阀门开度调节。一般来说，当 q_{in} 调至较大时反应釜的负荷较大，相应的操作变量集 $\boldsymbol{u}$ 需要调增，输出 $\boldsymbol{y}_{\text{out}}$ 也会增大。若 q_{in} 调整而其他相应操作变量和输出未做调整，必将引起反应釜生产作业不正常。对于连续作业的高炉冶炼过程来说，如图 2-1（b）所示，每个批次的进料量高达 60 多吨，原料输入量每分钟十几吨，和常规反应釜的原料输入量不是一个数量级。很明显，如此大批重的原料输入量的调控不能单独由某个阀门开度调控。高炉装料操作和常规反应釜调控原料输入的功能一样，负责将大批重的入炉炉料在短时间内按要求有序装入高炉，保障高炉连续作业生产。高炉装料操作由配料称重、皮带上料、矿石/焦炭双罐交替切换以及布料操作等部分构成，在整个高炉装料操作制度下，除炉喉布料子系统外，其他均为炉外操作。随着自动化与冶金的交叉融合，自 20 世纪 80 年代各大型钢铁企业就陆续实现了槽下配料、上料以及双罐切换等炉外操作过程基础自动化与监控。

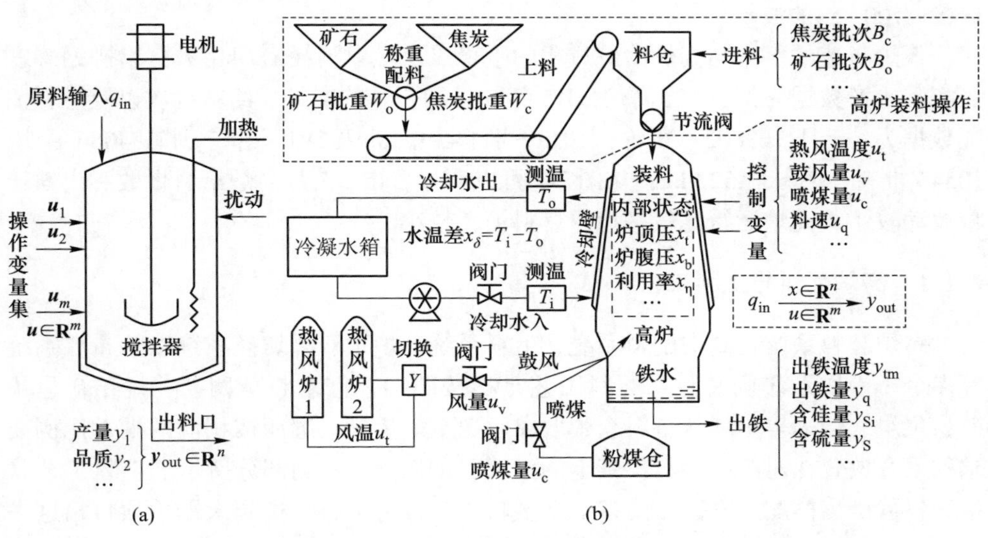

图 2-1 常规反应釜与高炉冶炼过程的原料输入调控对比
（a）反应釜进料调控；（b）高炉装料操作

高炉装料是一个间歇过程，由上料装置预先按设定的批重将矿石和焦炭分批次交替装入 80 余米高的炉顶料箱。随着冶炼的持续进行，炉喉料面不断下降，现场主操作人员（炉长/工长）参考炉喉料位的高度，操作炉顶料箱的下料开关，炉料流经旋转溜槽后装入高炉，相应的炉喉料位上升。受控于布料器操作旋转溜槽的运行机制，炉料在流经旋转溜槽后，在炉喉处形成一定的料层厚度分布和炉喉料面形态分布。这种空间分布会影响上升煤气流和下行料柱的逆向交互，进而影响整个炉况的动态变化。

在间歇过程中调控高炉入炉料速的方案有两种，如图 2-1（b）所示。

（1）在装料节奏不变的情况下，通过调节料批批重（W_o 和 W_c）来调控入炉料速。

（2）在料批批重（W_o 和 W_c）固定的情况下，通过调节装料时间间隔 τ_k 来调控入炉料速。

由于调节批重不仅要改称重系统的设定值，而且对后续装料和布料也都有影响，因此高炉装料制度中的料批批重一般为恒定值。现场操作人员在调节入炉料速时，主要通过观察料位的动态变化，结合出铁、送风、风压、透气指数等信息，调节料批时间间隔 τ_k 来实现。不同于常规的料位控制系统，高炉料位并非由一个点的值来描述，而是由多点探尺信息来表征，操作人员在执行装料制度时对料批时间间隔 τ_k 的调节具有较大的操作自由度，一般有 10 s 左右的可调区间。然而，仅仅这样一个很小的可调区间，却能导致每天的给料批数存在十几批（600~700 t）的波动。

入炉料速的平稳与高炉冶炼过程的平稳以及燃料消耗密切相关，以柳钢炼铁厂实际生产数据为例，2 号高炉 2015 年 5 月和 7 月的产量、给料批次以及燃料消耗数据为：5 月 163802. 4 t 铁，10129 批料，燃料比 581 kg；7 月 184086 t 铁，10543 批料，燃料比 522 kg，从图 2-2 可以明显看出，7 月高炉给料批数和出铁产量波动较小，高炉运行比较平稳，燃料消耗较小。

2. 2. 1　高炉配料与上料工艺

高炉装料系统是高炉配料系统、上料系统、炉顶双罐切换系统以及布料系统等多个子操作系统的总称。配料工艺是指按照工艺需求将球团矿、烧结矿、块矿、焦炭、熔剂等炉料从备料仓中取出运送至矿焦槽，继而按相应的批重比例要求称重并放置在对应的上料皮带上的过程，如图 2-3 左侧部分所示。上料工艺是指炉料从矿焦槽配重安置于皮带上至上料主皮带将炉料运送到末端炉顶料箱这一过程，如图 2-3 左侧部分所示。

高炉专家根据生产计划、高炉炉容、冶炼强度以及矿石品位等综合计算日进料量与产铁量，2500 m^3 高炉日产铁量 5500 t，入炉矿石批重 60 t 左右，而 5500 m^3 高炉日产铁量可达 13000 t，入炉矿石批重可高达 170 t[2]。高炉装料是一个间歇过程，矿石和焦炭分批次交替从地面运送至 80 余米高的炉顶料箱，再经由布料装置装入高炉炉喉，如图 2-3 所示。以某钢厂 2500 m^3 的高炉为例，入炉矿石

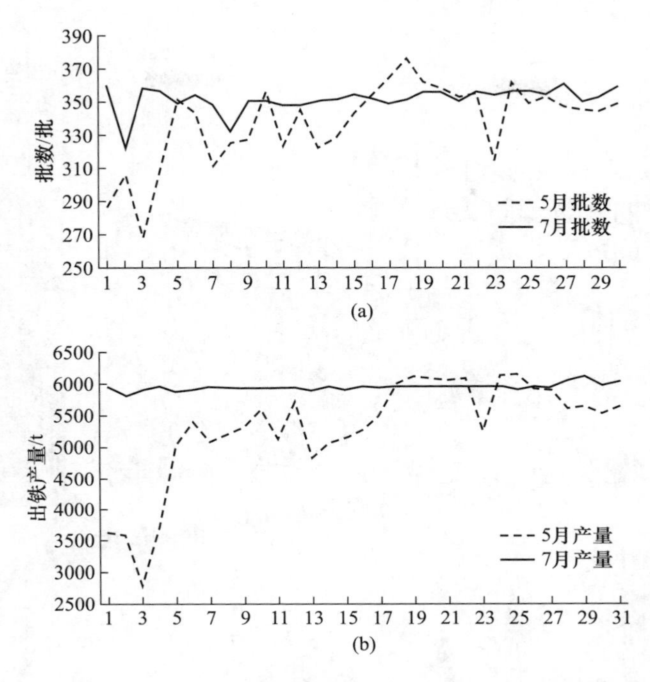

图 2-2　柳钢 2 号高炉 2015 年 5 月和 7 月高炉产量、给料批次的对比
（a）每日给料批次；（b）每日出铁产量

批重 60 t，焦炭 15 t，日计划产铁量 5500 t，每日需要完成 160～180 批炉料从炉顶装入高炉，每小时 6～8 批炉料，由于每批入炉炉料不仅是矿石，还包含焦炭，即短短 8～9 min 内需要完成两种不同批重的炉料称重、装车、上料以及布料。

为了保持高炉稳产和炉况平稳顺行，大型高炉炉容越大，对原燃料的质量要求越高，对入炉矿石的品位、还原性、强度、粒度、冶金性能等，以及焦炭的灰分、硫分、粒度、强度以及高温性能等的要求也越高[3]。因此，从矿山直接采集而来的天然矿需要经过烧结和球团工艺加工成“熟料”，以满足大型高炉对入炉精料的要求。一般来说，大型高炉炉料结构大致为烧结矿 75%、球团矿 15%、块矿 10%[4]。以入炉矿石批重 60 t 的 2500 m^3 高炉为例，每一个批次的烧结配置 45 t，球团 9 t、块矿 6 t，而一般的货车载重只有 8～20 t。随着高炉大型化的发展，炉容逐渐扩大，入炉批重相应增加，在短短的几分钟内需要完成更大批重下不同炉料的配料、称重与上料，对高炉配料和上料的技术要求也更高。

高炉配料称重子工艺是高炉装料制度的一个部分，如图 2-3 左侧部分，待入炉的炉料分别从烧结仓、焦炭仓、球团仓、焦粉与焦丁仓通过给料控制器，按照设定重量分别装入多个料斗并称重。图 2-3 左下方为入炉矿石批的配料与称重，

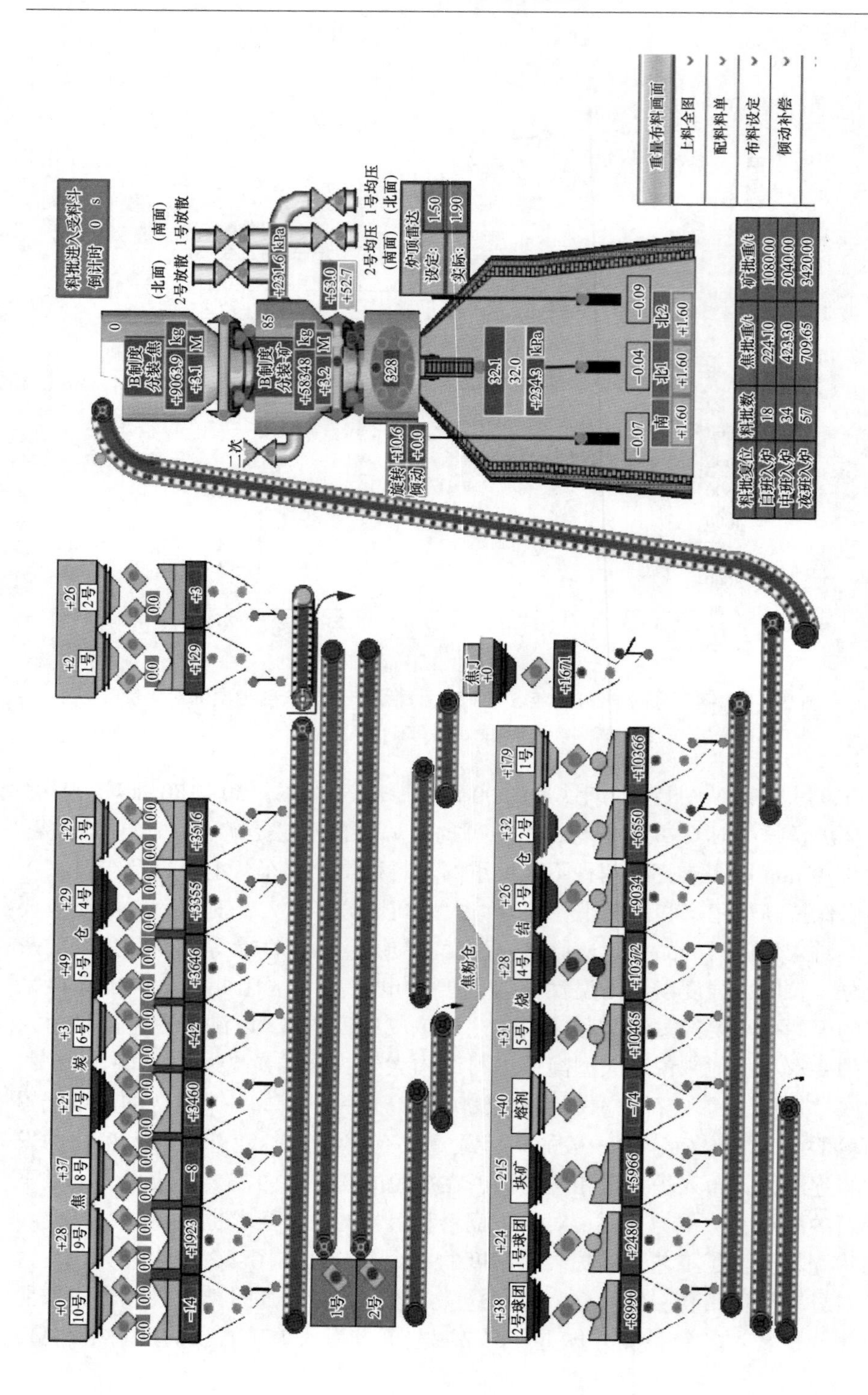

图 2-3　大型高炉配料与上料系统

烧结仓将烧结矿装入 5 个对应的称量料斗，而球团对应两个称量料斗，块矿对应一个称量料斗，称重后的炉料从多个料斗装至上料皮带，继而由卷扬上料子系统装入炉顶料仓。通过变频器和 PLC 技术，卷扬上料子系统按设定时间调整上料皮带的运行速度，将大批重的炉料从炉底运送至高 80 余米的炉顶料仓，如图 2-3 中间部分。如今，作为高炉装料制度下的炉外操作，槽下配料称重子系统与卷扬上料子系统的基础自动化与过程监控均已实现[5]。

2.2.2 高炉布料设备与工艺

炉料经由配料称重以及卷扬上料至炉顶后并非直接入高炉，还需经由一个布料操作环节。西汉末年中国已有 50 m^3 的高炉，那时确实是将矿石从炉顶直接入炉，人们还没有布料的概念，煤气利用极差，燃料消耗极高。直至 18 世纪初人们也没有认识到高炉布料对高炉安全生产和稳定运行的重要性，加料工人在炉喉平台沿炉喉周围直接将炉料倾倒至高炉。

19 世纪中叶，英国巴利式布料器的应用第一次引起人们对高炉布料的关注，开拓了现代料面分布的重要方向。针对巴利式布料器的缺陷，国外陆续推出了布朗式布料器、马基式布料器以及索洛金布料器等一系列基于大钟布料的炉顶布料装置，如图 2-4（a）所示。随着钢铁工业的不断发展，20 世纪 60 年代，巨型高炉不断出现，高炉容积和炉喉直径一扩再扩，上述大钟式布料器作为单环布料设备难以调节更大直径高炉炉喉中心与边缘炉料的分布情况。1972 年德国开发的无钟布料器，如图 2-4（b）、（c）所示，以全新的原理克服了大钟布料器的一些缺点，高炉大型化发展进一步加快。20 世纪 70 年代开始，3000 m^3、4000 m^3 以及 5000 m^3 的高炉陆续出现在大众的视野里。如今，新建的大型高炉均采用无钟布料器[6]，其中柳钢大多数高炉采用的是图 2-4（b）所示的串罐炉顶设备，而包钢大多数高炉采用图 2-4（c）所示并罐炉顶设备。其主要区别是，串罐炉顶设备更高，增加了上料能量的消耗，而并罐炉顶容易出现炉料分布偏析。

大钟布料是一种单环布料方式，高炉布料时大钟打开，炉料从大料斗内沿大钟斜面流下落到炉内料面上，形成环形料堆，如图 2-4（a）所示，从纵剖面上看炉料沿料面向高炉中心和炉墙两侧滚动、滑动、堆积，形成斜坡。炉料坡面与水平面的夹角称为堆角，图中 φ_1 和 φ_2 分别表示焦炭和矿石的堆角，一般情况焦炭堆角大于矿石堆角。料堆的顶点称为堆尖，堆尖在半径方向上的位置由 n 表示，主要受料线深度 h 影响，料线深度 h 越大炉料分布 n 越偏向边缘。一般情况下，堆角和堆尖可以标示炉料在炉喉的分布情况。随着高炉容积的扩大，炉喉直径在超过 5.2 m 时矿石将很少或者根本布不到高炉中心，造成焦炭在中心的分布占比增大，由于焦炭的透气性好，容易导致中心气流发展，因此，当炉喉直径超过 5.2 m时大钟布料器所形成的炉料分布将不再理想，制约了大型高炉的发展。

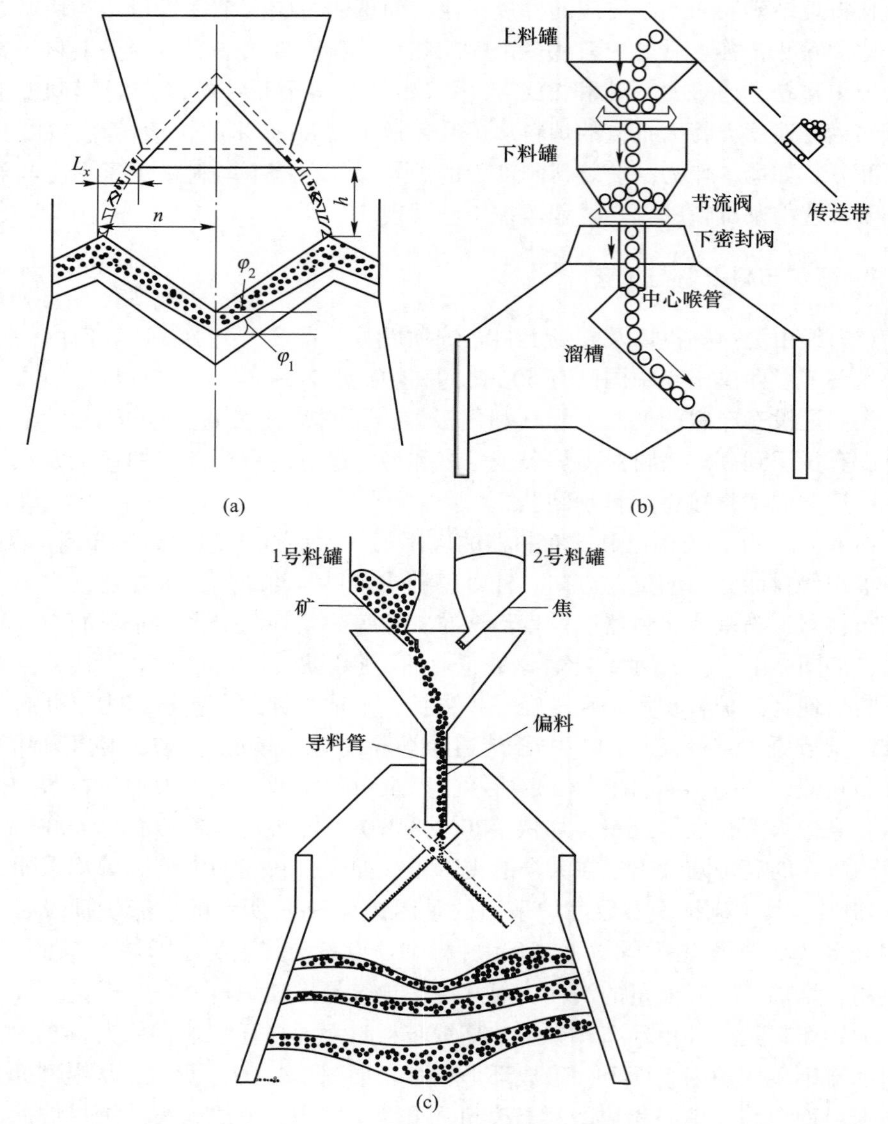

图 2-4　三种不同的炉顶布料设备

（a）大钟布料；（b）无钟串罐；（c）无钟并罐

无钟布料器由两个料罐一个溜槽组成，如图 2-4（b）、（c）所示，料罐两端有密封阀，放料时上密封阀关闭，下密封阀打开，溜槽以一定角度有规律地在炉内旋转（一般来说，旋转一圈 7.5 s），炉料沿中心喉管/导料管流进转到的溜槽，在重力和旋转离心力的作用下边转边落到炉喉底层料面上，形成新的炉料分布。在这个过程中，炉料装入炉喉的时间由节流阀通过调控节流阀开度 γ 角调节，而节流阀开度一般在批重恒定时也是常值。无钟布料器旋转溜槽的倾角可以任意调整，炉料可以沿旋转溜槽布到边缘、中心或者其他任何地方，突破了大钟布料器的炉料只能沿固定倾角的大钟坡面流入高炉，容易造成炉喉中心或者边缘炉料的堆积或者缺失的限制。无钟布料器布一批料，受时间约束一般溜槽旋转 8~12 圈，溜槽倾角在 3~5 个档位下变动，可以实现多环布料，满足更大炉喉直径炉料在炉内的分布要求。与大钟布料器比，无钟布料设备具有质量小、高度低、拆装灵活、运输方便的优点，自 1972 年推出并应用之后，短时间内迅速推广到全世界，如今小到 300 m^3 小型高炉，大到 5500 m^3 的巨型高炉都选用无钟布料装置。

高炉布料的职责是调节炉料（主要是矿石和焦炭）在高炉炉喉的分布，是高炉炼铁工艺的重要组成部分，是调节炉况运行状态的重要手段，现场称其为“上部调剂”。从倾倒式炉顶装料的小高炉，到 19 世纪英国巴利式布料器高炉的出现，再到如今 5500 m^3 的无钟布料高炉，可以看出高炉冶炼技术的进步总是与高炉布料规律的认知和利用分不开。多年的实践和经验也告诉我们，高炉布料不仅影响初始料面形状和温度场的分布，而且也是高炉稳产，稳定顺行，事故率和燃料消耗的关键环节。

2.3 高炉布料与炉况运行的交互关系

高炉布料虽然只是高炉装料制度的一个环节，但它与其他环节相互影响、相互制约。人们根据多年来的经验将高炉操作细分成装料制度、冷却制度、喷吹制度、热制度、出铁制度 5 大具体操作制度与上部调剂和下部调剂两个主要的调节手段。高炉炉况是一个在物质流、能量流平衡下的多工序混杂相互协调的控制系统。

2.3.1 高炉布料与下行料柱的关系

炉料在炉喉处的分布是由布料矩阵决定的，在高炉冶炼过程中，由于布料矩阵一般很少调整，因此新装入的料层分布和原来装入的料层分布具有一致性。由于高炉自上而下有一定的高度，从炉喉处新装入的炉料还不能直接还原成铁水，它需要缓慢下移至炉腹处时才慢慢变成软熔带，并还原出铁水，滴落至炉缸。从炉喉至炉腹软熔带这十几米高的纵向空间中，原先交替装入的矿石层和焦炭层，在该空间堆叠形成料柱。

高炉装料是一个间歇过程，炉料在布料器的操作下在炉喉处形成一层新的炉料分布，与先前交替装入的 60~70 层矿石和焦炭在炉内堆积形成高十余米的下行料柱。缓慢下降的料柱与上升煤气流发生相互的传热与传质，产生一系列的物理与化学反应，促使固态大颗粒冷态炉料缓慢地过渡到熔融状态，继而料柱底部炉料在炉膛上方形成一个具有特定厚度的拱顶形软熔带。在炉膛高温、料柱中焦炭以及还原气体的物理与化学作用下，液态的铁滴不断地从软熔带中还原并滴落到炉缸。随着软熔带中铁水的持续滴落，料柱在炉内连续下移，新的炉料不间断地从炉顶间歇装入，料柱以及料柱底部的软熔带在炉内维持相应的动态平衡。与此同时，随着炉底炉缸中汇集铁水的不断增加，最后炉长/工长按照出铁制度将高温铁水从不同位置的出铁口依照一定时序出铁。虽然高炉装料的间歇时间只有8~9 min，然而随着下行料柱的缓慢下移，炉料需要在炉内垂直行驶30余米，历时7~8 h，期间喷煤、鼓风、加焦、冷却、调压等操作变量又对高炉炉况的运行状态产生不同时空、不同尺度的影响。

如上所述，高炉是一种逆流反应器，热风与煤粉通过下部近30个风口连续吹入高炉。热风使得料柱中剩余的焦炭和喷吹进的煤粉在回旋区燃烧，燃烧产生的高温还原气体沿料柱逆向上升，同时燃烧所释放出的热能，使得炉膛中心温度高达1900 ℃。受炉膛高温以及还原气体影响，下行料柱的底部为软熔带，软熔带的位置、高度与厚度受矿焦层状结构的分布影响，同时又反过来影响上升气流分布以及下行料柱的运行。另外，下行料柱是一个由60~70层的矿石和焦炭层堆积而成的一类特殊的多孔介质，这一特殊多孔介质的空间分布是影响高炉冶炼速度、煤气流分布、透气性和煤气利用率的关键。由于自身材质属性不同，矿石与焦炭层的透气性不同，一般来说，矿石层的阻力比焦炭层大10~20倍。实践证明，焦炭分布多的地方煤气流较发展，因而炉料温度升高快，从高炉料柱纵剖面上看，煤气发展的地方软熔带的位置也较高。

下行料柱多孔介质的分布受控于每一层的矿石与焦炭的厚度分布、负荷比以及颗粒大小分布，而炉喉处新装的料层厚度分布又是在下行料柱的基础上形成的，高炉布料与下行料柱相互影响，故高炉布料对炉况运行状态不仅与当前装入的料层分布相关，而且与受控于先前已装入的多层炉料分布的累积响应。

2.3.2 几种典型的高炉布料制度与炉况运行状态的关系

高炉布料，尤其是一个装料周期内交替装入炉喉的矿石和焦炭层分布在炉喉处形成一定的矿焦比分布，是影响下行料柱孔隙分布、透气性、软熔带分布形态与位置的关键。与固体矿石炉料相比，软熔带有一定的塑性，孔隙度更小，透气性更差，对煤气的阻力也更大。固体炉料的透气性本身又不及焦炭，一般来说，高温煤气穿透软熔层的可能性极小，穿透焦炭层则比较容易。高炉内部一切物理和化学反应均在上升高温煤气流和缓慢下移料柱的逆向交互运动下进行，合理的上升煤气流分布是影响矿石还原和煤气利用率的关键，因此软熔带的分布形态对高炉炉况的影响很大。一般来说，边缘煤气阻力越小，对炉料的要求越低，冶炼腐蚀炉壁越大，对高炉操作的要求越宽松，但煤气利用率不高，燃料消耗比较大。上升煤气阻力增大，虽然煤气利用率提高了，燃料消耗下降了，但容易造成高炉憋风，煤气容易沿炉墙外泄，高炉悬料和不安全事故发生的频率加大，炉况运行状态的调整难度加大，对高炉精料的要求也严苛。

高炉布料不仅影响高炉炉况的平稳顺行，而且也会影响高炉使用寿命的长短。一般来说，根据炉料在炉喉中心与边缘料层厚度分布的强弱关系，高炉实际操作过程中存在 4 种基本的装料制度，如图 2-5 所示。在早期的高炉冶炼过程中，一般高炉均采用的是边缘发展型的装料方式，即图 2-5（a）所示的装料 A 型。该方式的特点是软熔带呈“V”形，边缘气流发展、下料速度快、煤气上升阻力小，煤气利用率低，对炉料和高炉操作的要求低，然而由于边缘高温气流发展，炉墙的侵蚀最大，散热最大，高炉正常使用寿命一般不长。双峰型也是高炉冶炼早期一种高炉装料方式，即图 2-5（b）所示的装料 B 型。该方式的特点是软熔带呈“W”形，边缘和中心气流发展、下料速度快、煤气上升阻力小，煤气利用率较边缘发展型虽然有所提高，但仍比较低，对炉料和高炉操作的要求稍高，由于中心分担了边缘高温气流的分布，炉墙的侵蚀较边缘发展型减小，但仍然较大，高炉正常使用寿命也较短。中心发展型是目前大多数高炉采用的装料方式，如图 2-5（c）所示。该方式的特点是软熔带呈倒“V”形，高炉中心气流发展、下料速度快、煤气上升阻力小，煤气利用率进一步提升，对炉料和高炉操作的要求也进一步提高，由于中心高温气流发展导致边缘气流温度有所降低，炉墙的侵蚀较弱，一般来说高炉寿命较长。平坦型高炉装料是目前宝钢等一批先进高炉所采用的方式，如图 2-5（d）所示。该方式的特点是软熔带分布较平坦，煤气流分布、下料速度以及煤气上升阻力在整个横切面沿半径方向的分布都较为均匀，整体上升煤气阻力最大，煤气利用率最高，对炉料和高炉操作的要求也最高，炉墙侵蚀最小，高炉可使用寿命最大，然而由于上升煤气阻力最大，即使满足了较为苛刻的高炉精料要求，也仍然难以保证高炉的稳定顺行，高炉悬料、崩料以及其他事故发生的概率也增大。

上述 4 种典型的布料制度对整个高炉炉况运行状态各有不同影响，在高炉冶炼操作中，现场炉长/工长根据炉况运行状态调节炉料在炉喉中心与边缘料层厚度的强弱分布时，并不仅限于上述模式。炉料中心与边缘料层厚度的强弱分布是一种比较笼统的模糊描述，如何根据具体的高炉本体尺寸以及高炉冶炼工艺对批重和料层分布的要求，用比较精确的数学模型描述这一强弱分布，并给出与炉况运行状态相匹配的布料操作参数，仍是高炉布料模型与控制的难题。

鉴于高炉布料会对高炉平稳运行与安全生产带来巨大影响，高炉装料过程中炉喉布料的研究一直是冶金工程、传感器、控制和信息技术领域的热点问题[6-17]。然而，高炉装料过程炉喉料面输出形状模型、布料操作变量布料矩阵与

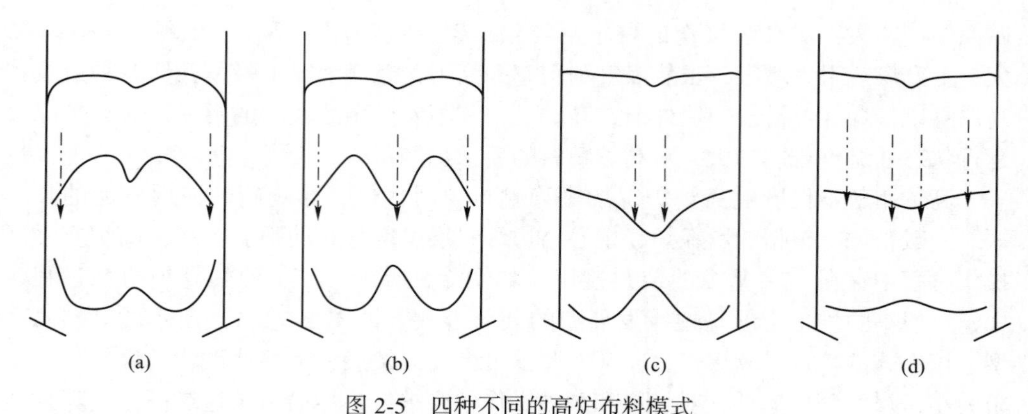

图 2-5　四种不同的高炉布料模式
（a）装料 A 型；（b）装料 B 型；（c）装料 C 型；（d）装料 D 型

料层厚度分布模型、期望料层厚度模型的设定、期望料面分布的操作优化，以及期望料层厚度分布下布料矩阵的逆计算等问题，仍停留在基于专家经验积累的笼统认识上，并没有构建明确的模型、控制及优化理论做支撑，导致高炉布料至今仍是一个基于专家经验积累为主的炉长/工长手动调节模式，同时也是高炉装料制度中没有实现过程自动化的唯一环节。

2.4　高炉装料过程炉喉料面输出形状建模

在高炉实际操作中，高炉布料是调节高炉炉况运行状态的两个主要手段之一，被称为上部调剂（Burden Conditioning）。作为炉况运行状态调整的上部调节手段，高炉布料通过调整旋转溜槽的运动时序调节炉料在炉喉的厚度分布，进而调节炉内料柱矿石和焦炭的层状分布结构，调整煤气流及其他多相多场的耦合交互，直至影响整个炉况的动态变化[18-20]。高炉布料时在炉喉处形成的料面空间分布与煤气流分布所维持的动态平衡是高炉炉况稳定顺行的必要条件，是影响高炉炼铁的成本、高炉产量、高炉安全及高炉长寿的重要因素。

高炉布料是冶金、传感器和检测技术、控制科学以及数学等诸多领域的研究热点。冶金高炉操作专家刘云彩根据力学分析构建了基于料流轨迹的高炉布料模型，可以依模型计算不同旋转溜槽倾角下炉料颗粒的落点；传感器和检测技术领域研究人员利用雷达、激光和红外检测等技术开发相应属性的料面扫描装置[7,12,21]；信息技术领域的专家和学者还使用数学模型、离散单元法、流体仿真软件等计算机仿真工具来开发和优化高炉布料操作[6,15-16,22-25]。现有的研究成果大多是以认知高炉布料操作规律和优化高炉布料操作模式为出发点的研究，图 2-6 所示的高炉布料可调操作变量（布料矩阵）与炉喉料面输出分布形状特性之

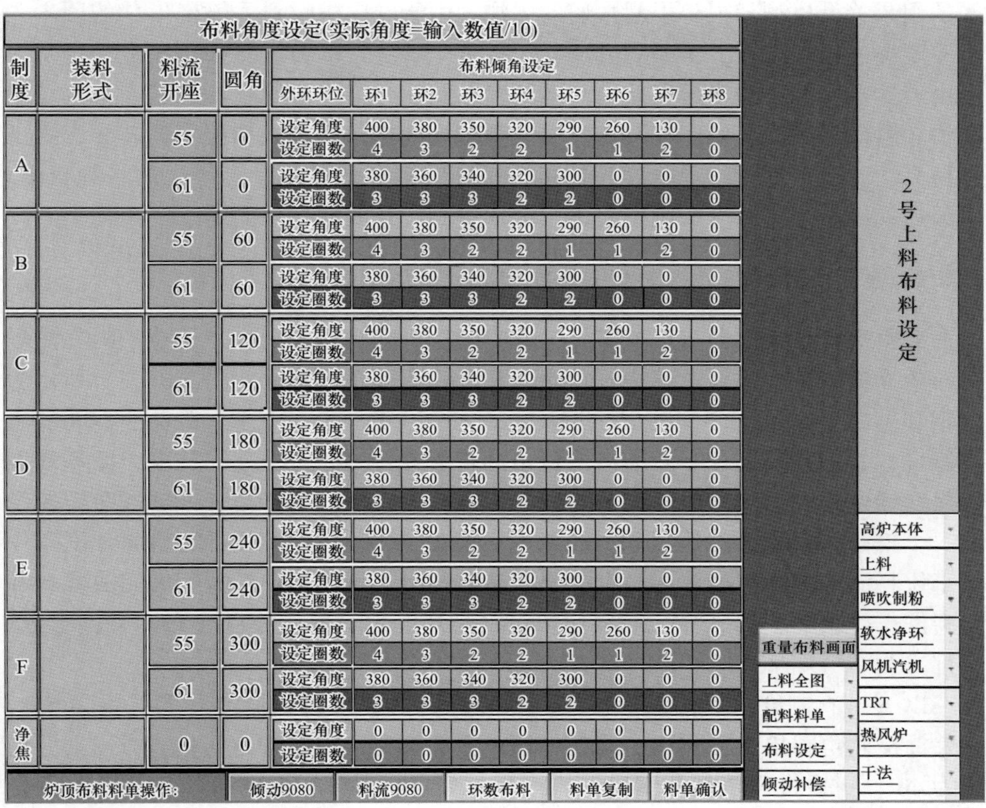

布料角度设定(实际角度=输入数值/10)

制度	装料形式	料流开座	圆角	外环环位	环1	环2	环3	环4	环5	环6	环7	环8
A		55	0	设定角度	400	380	350	320	290	260	130	0
				设定圈数	4	3	2	2	1	1	2	0
		61	0	设定角度	380	360	340	320	300	0	0	0
				设定圈数	3	3	3	2	2	0	0	0
B		55	60	设定角度	400	380	350	320	290	260	130	0
				设定圈数	4	3	2	2	1	1	2	0
		61	60	设定角度	380	360	340	320	300	0	0	0
				设定圈数	3	3	3	2	2	0	0	0
C		55	120	设定角度	400	380	350	320	290	260	130	0
				设定圈数	4	3	2	2	1	1	2	0
		61	120	设定角度	380	360	340	320	300	0	0	0
				设定圈数	3	3	3	2	2	0	0	0
D		55	180	设定角度	400	380	350	320	290	260	130	0
				设定圈数	4	3	2	2	1	1	2	0
		61	180	设定角度	380	360	340	320	300	0	0	0
				设定圈数	3	3	3	2	2	0	0	0
E		55	240	设定角度	400	380	350	320	290	260	130	0
				设定圈数	4	3	2	2	1	1	2	0
		61	240	设定角度	380	360	340	320	300	0	0	0
				设定圈数	3	3	3	2	2	0	0	0
F		55	300	设定角度	400	380	350	320	290	260	130	0
				设定圈数	4	3	2	2	1	1	2	0
		61	300	设定角度	380	360	340	320	300	0	0	0
				设定圈数	3	3	3	2	2	0	0	0
净焦		0	0	设定角度	0	0	0	0	0	0	0	0
				设定圈数	0	0	0	0	0	0	0	0

(a)

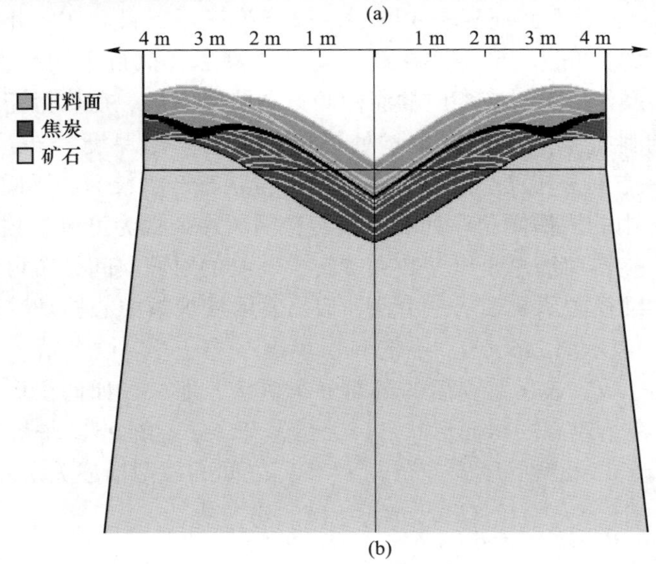

(b)

图 2-6　操作变量与炉喉炉料分布之间的关系

（a）柳钢 2 号高炉布料矩阵；（b）炉喉炉料分布

间的因果关系模型却很少引起人们的关注。由于缺少炉喉料面输出形状的因果关系模型描述，现阶段，“布料矩阵”作为调节炉料分布的重要操作参数，仍是一个由经验丰富的高炉专家根据高炉本体参数及运行情况而制定的常值参数。考虑高炉布料对炉况运行状态的影响，以及高炉现场操作人员认知能力的差异，为了维持高炉的稳定顺行，现阶段高炉布料矩阵的制定和调整具有最高的管理权限。一般来说高炉布料制度的调整要由厂级领导和炉长共同商讨而定。

2.4.1　基于操作参数描述的炉喉料面输出分布形状模型

布料矩阵是布料器在布料实施过程中所执行的具体规则，是调节炉料在炉喉分布的操作变量，主要由溜槽倾角序列和旋转圈数序列构成。图 2-6（a）所示为柳钢 2 号高炉所执行的布料设定制度，其中 A、B、C、D、E、F 表示不同的布料制度，其主要差别在于溜槽初始圆角的位置相差 60°，通过调节多个循环周期装料初始位置以达到炉内炉料不偏析的目的。炉料从炉顶料箱装入炉喉时需要经由一个控制料流流速的节流阀，图中 55°和 61°表示焦炭或矿石的料流开度，一般来说料流开度为与批重相对应的恒定参数，用以保证在有限时间内完成装料和布料操作。图 2-6（a）中，布料倾角设定是影响炉料料层厚度分布的关键参数，亦称之为布料矩阵。

以 A 装料制度为例，在执行多环布料操作时，料流节流阀开度设置为 55°，初始溜槽倾角圆角位置为 0°，溜槽在第一环布料时，溜槽倾角与垂直方向上的夹角为 40°，并在此环旋转 4 圈后，执行第二环布料操作；此时其溜槽倾角与垂直方向上的夹角为 38°，并在此环旋转 3 圈后，执行第三环布料操作；此时其溜槽倾角与垂直方向上的夹角为 35°，并在此环旋转 2 圈后，执行第四环、第五环，直至最后一环布料操作，并对应相应的溜槽倾角和旋转圈数。在执行完以上操作后，料箱中设定的料批批重将会在炉喉处形成一定的料层厚度分布，如图 2-6（b）所示，而这一空间分布又会对整个炉况的运行状态产生较为深远的影响。

将图 2-6（a）中的溜槽倾角序列和溜槽旋转圈数序列视为可调参数，以决策变量 $\boldsymbol{u}$ 表示。鉴于旋转溜槽总是以整数圈旋转，三维的料面空间分布可由炉喉中心至炉壁方向的二维径向函数表示。由此，以 r 表示从炉喉中心至炉壁的径向坐标，函数 $h(r, \boldsymbol{u})$ 表示图 2-6（b）中的料层厚度分布，$f_{\mathrm{b}}(r)$ 表示装料时底层料面分布形状，$f(r, \boldsymbol{u})$ 表示装料后的料面分布形状。那么，如何根据可调操作参数布料矩阵 $\boldsymbol{u}$，在给定底层料面形状 $f_{\mathrm{b}}(r)$ 的基础上，构建出高炉装料过程料面输出形状 $f(r, \boldsymbol{u})$ 以及料层厚度分布 $h(r, \boldsymbol{u})$ 之间的模型描述关系？

$$\boldsymbol{u} \mid f_{\mathrm{b}}(r) \sim \begin{cases} h(r, \boldsymbol{u}) = f(r, \boldsymbol{u}) - f_{\mathrm{b}}(r) \\ f(r, \boldsymbol{u}) \end{cases} \tag{2-1}$$

本书将在深入剖析高炉多环布料工艺参数的基础上，研究上述高炉料面输出形状的建模问题。

2.4.2 基于工艺要求的炉喉料层厚度分布模型的设定

图 2-5 给出的 4 种典型的布料制度，对应 4 种不同的料层厚度分布 $h(r, \boldsymbol{u})$，即炉料中心与边缘的强弱分布，如图 2-6（b）所示。与此同时，由先前多批次装入的矿石和焦炭层，在炉内交替堆叠形成的下行料柱，也有 4 种不同的炉料空间分布结构。下行料柱与上升煤气流的逆向交互，致使煤气流分布、软熔带分布和炉顶料面分布形成 4 种不同的分布类型。由此，单一料层厚度分布 $h(r, \boldsymbol{u})$，以及由先前装入的多批次料层厚度分布序列 $\{h_{k-1}(r), h_{k-1}(r), \cdots, h_{k-S_1}(r)\}$ 构成的下行料柱是调节高炉炉况运行状态的关键，$h_{k-i}(r)$ 表示先前 i 个批次装入的料层厚度分布，S_1 表征炉内运行时滞留最大料批数，一般来说 S_1 取值在 60~70。

在高炉冶炼操作实践中，炉长/工长根据炉况运行状态调节炉料在炉喉中心与边缘的强弱分布。然而，图 2-6（b）中描述中心与边缘炉料强弱分布的料层厚度分布 $h(r, \boldsymbol{u})$ 是一个受批重约束的空间分布，可描述为：

$$V_t = \int_0^R 2\pi r h(r, \boldsymbol{u}) \mathrm{d}r = \int_0^R 2\pi r g(r) \mathrm{d}r \tag{2-2}$$

式中，V_t 为料层厚度分布 $h(r, \boldsymbol{u})$ 以及期望分布 $g(r)$ 的积分约束。

与常规控制系统不同，高炉装料过程料层厚度分布的期望不是一个标量，也不是一个向量，而是一个有积分约束的分布函数，那么，如何根据工艺操作对炉料中心与边缘强弱分布的要求，在有空间分布约束下给出一种描述期望料层厚度分布 $g(r)$ 的设定方法，是本书将要研究的另一个模型问题。

2.5 高炉装料过程料面输出形状的优化与控制

高炉装料制度是将矿石和焦炭送入高炉这个巨型密闭反应釜的进料环节，由于大型高炉炉内冶炼空间巨大，4000 m^3 以上的大型高炉每批次的进料量高达 80 t，高炉装料制度不仅肩负着进料任务，而且还担负着炉料在炉喉合理分布的特殊任务。炉喉料面输出形状的建模，研究的是从布料矩阵到炉喉料面分布形状的描述的问题，而从工艺的要求看，炉长/工长更为关心的是，如何根据目标分布给出恰当的布料操作制度，也就是布料矩阵制度的制定。

2.5.1 基于期望料面输出形状的操作参数优化

正如前文所述，炉喉炉料的空间分布是影响高炉炉况稳定顺行和高效生产的关键因素，图 2-5 给出了 4 种典型基于现场操作人员经验的布料模式，分别对应不同的炉况运行状态的可操作性以及冶炼效率。除此之外，北京科技大学尹怡欣、程树森、陈先中团队借助激光和雷达料面扫描技术，结合实际高炉生产指标数据与料面分布数据，研究了大型高炉炉喉炉料分布与整个高炉炉况顺行状态的关系[20,26-27]，通过对大量数据的分析给出了适合具体高炉操作的最优料面描述。

根据高炉操作工艺对炉喉料面分布的要求，以 $f_g(r)$ 表示期望料面输出形状的数学描述，那么，如何构建相应的性能评价指标，并通过智能计算的方法给出与期望料面分布 $f_g(r)$ 相匹配的最优操作参数 $\boldsymbol{u}$，是本书要研究的一个操作参数优化问题。

2.5.2　基于期望料层厚度分布的布料矩阵逆计算

高炉装料时预设料批批重经由配料、称重以及上料等环节，按一定的时序先装入炉顶料箱，继而根据高炉实时运行需要，炉料经由布料器间歇装入炉喉，并在炉喉处形成一定的料层厚度分布，在这一过程中布料矩阵是调节炉料在炉喉分布的重要操作参数。一批又一批先前装入的矿石和焦炭层构成下行料柱，而下行料柱和上升煤气流的逆向交互又是整个高炉平稳运行的关键，因此，单一料层厚度分布的设定以及调整对于整个高炉冶炼的安全性、稳定性以及高效操作尤为重要。

鉴于此，研究基于期望料层厚度分布 $g(r)$ 下的布料矩阵 $\boldsymbol{u}$ 的设定问题，又称为布料矩阵逆计算，是现场操作过程亟须解决的工程问题，该问题的研究有助于为高炉布料矩阵的制定与调整提供理论依据，克服基于专家经验制定布料矩阵参数的局限性。

2.6　高炉装料过程建模与控制的难点

在高炉冶炼背景下，本书以高炉布料过程料面输出形状的建模与控制为主要研究内容，寻求以输出分布函数为特征的料面输出形状的模型描述与控制器设计方法，为此需要解决如下难题：

(1) 炉喉料面输出形状的建模困难。受密闭的炉内高温、高压、上升煤气流以及炉喉飘浮粉尘的影响，炉内料面分布形态的实时扫描数据难以获取。虽然有些先进的高炉已经装配了雷达矩阵、内窥镜以及三维激光扫描设备，然而受内部恶劣环境限制，料面扫描数据的精确度难以验证。与此同时，高炉冶炼操作时装料制度下调节炉料在炉喉分布的操作参数布料矩阵是一个恒定常数，而炉喉料面分布却是一个同时受布料矩阵与上升煤气流影响的动态数据，不满足基于数据驱动建模对输入输出数据的一一对应关系。

高炉开炉时由三维激光扫描获得的料面形状分布数据是少量经过验证的稀有

数据。这些数据虽然是静态数据但包含了布料矩阵与料层分布之间的模型关系。如何针对高炉装料过程布料操作的工艺特点，通过有限数据挖掘和发现高炉布料规律，构建布料矩阵与料面输出形状的三维布料模型是本书需要解决的一个难点问题。炉喉料面输出形状是一个由溜槽倾角与旋转圈数构成的有序对序列共同作用的结果，传统的料流轨迹模型、料面分布描述模型难以描述炉喉料面输出分布的因果关系，给高炉装料过程布料操作制度的制定与调整带来较大的困难。

(2) 期望炉喉料面形状分布的设定与控制难点。不同于常规的控制系统，炉喉料面输出形状以及炉喉料层厚度分布并非标量也非向量，而是一个由径向分布函数描述的被控变量。炉喉炉料分布在恒批重的装料与布料操作下，整体需要满足积分约束条件，即边缘与中心的强弱分布并非孤立而是一个相互影响和约束的关系。针对高炉冶炼过程运行优化对装料方式的要求，如何在积分约束下给出满足炉况顺行的期望炉喉料面分布，是高炉装料过程输出料面形状控制需要解决的又一个难题。

如前文所述，可调操作变量布料矩阵是一个有序对序列，其中溜槽倾角和旋转圈数分别属于不同的域（实数域和自然数域），同时，为了保障在有限时间内完成装料，旋转圈数又存在一个总圈数的累积约束，为料面输出形状的优化与控制带来了更大的困难。由输出分布函数描述的控制系统本身就是一个难点问题，加之操作变量布料矩阵中存在的连续与离散并存问题、操作变量的累积约束等，炉喉料面输出形状的操作参数优化与控制是一个混杂控制系统，导致高炉料面分布形状的控制一直以来是冶金、应用数学、控制与热物理等多学科研究领域的共性难题。

2.7 小　　结

本章介绍了高炉冶炼操作中高炉装料制度，以及装料制度下配料、上料和布料工艺；着重介绍了布料设备与工艺、高炉布料与炉况运行的交互关系，以及高炉布料对安全生产与燃料消耗的影响；详细描述了高炉布料与下行料柱的堆叠关系、下行料柱与上升煤气流的逆向交互关系、几种典型的装料制度对炉况运行状态的影响。

本章从控制的角度，重点分析了引起炉喉料面输出形状变化的操作变量，给出了基于因果关系描述的炉喉料面输出形状的建模问题，继而，从工艺的角度又给出了料层厚度分布的设定问题、期望料面分布形状的操作参数优化问题、期望料层厚度分布的逆计算问题。本章还分析了高炉装料过程炉喉料面输出形状建模与控制所存在的难点。

下一章，将针对高炉布料制度制定与调整缺乏有效模型的问题，重点介绍如何构建布料矩阵与炉喉料面三维空间分布的模型关系。

参 考 文 献

[1] 徐文轩．高炉布料偏析优化及炉内气固两相流动特征研究［D］．北京：北京科技大学，2020.

[2] 刘胜涛，金永明，霍吉祥，等．5500m³ 高炉高产操作实践［J］．河北冶金，2020（3）：36-44.

[3] 项钟庸，王筱留．高炉设计：炼铁工艺设计理论与实践［M］．北京：冶金工业出版社，2009.

[4] 毛庆武，章启夫，李欣，等．特大型高炉使用高比例球团矿技术研究及应用［J］．炼铁，2020，39（6）：1-6.

[5] 刘祥官，刘芳．高炉炼铁过程优化与智能控制系统［M］．北京：冶金工业出版社，2003.

[6] 刘云彩．高炉布料规律［M］．北京：冶金工业出版社，2012.

[7] Chen Z，Jiang Z，Gui W，et al. A novel device for optical imaging of blast furnace burden surface：parallel low-light-loss backlight hightemperature industrial endoscope［J］. IEEE Sensors Journal，2016，16（17）：6703-6717.

[8] Shi L，Zhao G，Li M，et al. A model for burden distribution and gas flow distribution of bell-less top blast furnace with parallel hoppers［J］. Applied Mathematical Modelling，2016，40（23）：10254-10273.

[9] Chen X，Wei J，Xu D，et al. 3-Dimension imaging system of burden surface with 6-radars array in a blast furnace［J］. ISIJ International，2012，52（11）：2048-2054.

[10] Fu X，Chen X，Hou Q，et al. An imaging algorithm for burden surface with T-shaped MIMO radar in the blast furnace［J］. ISIJ International，2014，54（12）：2831-2836.

[11] Hattori M，Iino B，Shimomura A，et al. Development of top burden distribution in a large blast furnace and simulation model for bell-less its application［J］. ISIJ International，1993，33（10）：1070-1077.

[12] Zankl D，Schuster S，Feger R，et al. A large radar sensor array system for blast furnace burden surface imaging［J］. IEEE Sensors Journal，2015，15（10）：5893-5909.

[13] Ren T，Jin X，Ben H，et al. Burden distribution for bell-less top with two parallel hoppers［J］. Journal of Iron and Steel Research，International，2006，13（2）：14-17.

[14] Xu J，Wu S，Kou M，et al. Circumferential burden distribution behaviors at bell-less top blast furnace with parallel type hoppers［J］. Applied Mathematical Modelling，2011，35（3）：1439-1455.

[15] Park J，Jung H，Jo M，et al. Mathematical modeling of the burden distribution in the blast furnace shaft［J］. Metals and Materials International，2011，17（3）：485-496.

[16] Shen Y，Guo B，Chew S，et al. Three-dimensional modeling of flow and thermochemical behavior in a blast furnace［J］. Metallurgical and Materials Transactions B，2015，46（1）：432-448.

[17] Zhang Y, Zhou P, Cui G. Multi-model based PSO method for burden distribution matrix optimization with expected burden distribution output behaviors [J]. IEEE/CAA Journal of Automatica Sinica, 2019, 6 (6): 1478-1484.

[18] 安剑奇. 基于多源信息融合的高炉料面温度场在线检测系统研究以及应用 [D]. 长沙: 中南大学, 2011.

[19] 许永华. 基于料面温度场和布料模型的高炉煤气流分布在线检测方法及应用 [D]. 长沙: 中南大学, 2007.

[20] 关心. 高炉料面形状检测与预测方法研究 [D]. 北京: 北京科技大学, 2016.

[21] Kaushik P, Fmehall R. Mixed burden softening and melting phenomena in blast furnace operation X-ray observation of ferrous burden [J]. Ironmaking and Steelmaking, 2006, 33 (6):507-519.

[22] Saxén H, Nikus M, Hinnela J. Burden distribution estimation in the blast furnace from stockrod and probe signals [J]. Steel Research, 1998, 69 (10): 406.

[23] Mitra T, Saxén H. Model for fast evaluation of charging programs in the blast furnace [J]. Metallurgical and Materials Transactions B, 2014, 45 (6): 2382-2394.

[24] Mio H, Komatsuki S, Akashi M, et al. Effect of chute angle on charging behavior of sintered ore particles at bell-less type charging system of blast furnace by discrete element method [J]. ISIJ International, 2009, 49 (4): 479-486.

[25] Nag S, Gupta A, Paul S, et al. Prediction of heap shape in blast furnace burden distribution [J]. ISIJ International, 2014, 54 (7): 1517-1520.

[26] 张海刚. 面向指标优化的高炉料面建模与布料研究 [D]. 北京: 北京科技大学, 2017.

[27] 李艳姣. 面向指标的高炉料面优化研究 [D]. 北京: 北京科技大学, 2019.

3 高炉布料过程
炉喉料面输出形态建模

3.1 引　言

高炉装料过程中，颗粒状矿石和焦炭经由上料装置先装入炉顶料箱，炉料在从炉顶料箱流经旋转溜槽装入高炉时，布料器可以通过调整旋转溜槽的倾角和旋转圈数实现对炉喉料面分布的调节。由旋转溜槽的倾角和旋转圈数序列构成的布料矩阵是高炉布料操作的重要参数，是导致炉料在炉喉处形成不同空间分布的直接因素，是影响料面分布、煤气流分布以及整个炉况运行状态的主要因素。高炉装料过程炉喉炉料分布一直是冶金、传感器和检测技术以及信息科学等诸多领域的热点研究问题[1-10]。

围绕高炉布料矩阵的制定与调整，刘云彩从力学分析角度研究了旋转溜槽倾角与落点之间的关系，系统地剖析了炉料在溜槽碰点直到落入炉内的运行轨迹，给出了炉料粒子速度方程以及高炉炉料的轨迹方程[1-2]。在刘云彩布料方程的基础上，钢铁企业、冶金院校及科研院所等机构及团队从不同的角度对高炉装料过程进行深入剖析，给出了改进的料流运动模型、料流宽度模型、炉料分布模型等成果，为高炉布料规则和布料矩阵的修正提供了技术支撑[1,4-6]。

传统的探尺、重锤等测量数据并不能全面地描述炉料在炉喉的分布信息，针对炉喉炉料分布参数特性，国内外专家也做了大量的研究工作。苏联冶炼专家早在 20 世纪中叶就对炉料物料堆角做过细致的研究与实践，给出了不同炉料的堆角大小及修正量[1]。芬兰学者 Saxén 在物料堆角和料流轨迹模型的基础上给出了一种基于线性分段函数的顶层料面分布形状的描述方法[7]。日本学者Mio等[8]为了更好地优化高炉布料操作，利用离散单元法对炉料在炉喉处的料面分布特性进行了细致的分析。印度学者 Nag 等[9]通过对一定比例的高炉实施布料实验，给出了一种顶层料面分布形状的高斯函数描述。

上述研究成果大多是以布料操作规律的认知和布料操作模式的优化为出发点研究炉喉布料操作中的局部环节，如单个粒子的运动轨迹、料流宽度模型、料面分布的模型表述等，然而从控制科学的角度研究一类以分布参数为特征的可调操作变量与料面输出特性之间的模型却鲜有报道。本章将从炉喉料面分布的因果关系入手，研究布料矩阵与炉喉料面输出分布形状之间的模型关系。

3.2 高炉装料过程炉喉料面输出形状的建模分析

高炉布料是装料环节中负责调节炉料在炉喉空间分布任务的一个特殊环节，每一批炉料在经由料仓装入炉喉时，都要经由一个旋转溜槽，旋转流槽的倾角和圈数是调节炉料在炉喉空间分布的主要变量，每个批次炉料从料仓装入炉喉需要100 s左右，在这个时间内，可调参数序列“倾角和圈数”构成操作人员所称谓的“布料矩阵”。由此可知，布料矩阵是高炉装料时的操作变量，炉喉料层与料形的空间分布是操作变量所引起的输出。由于炉喉料面和料层的空间分布是影响整个高炉冶炼过程平稳顺行与高效生产的重要因素，因此破解高炉冶炼操作中布料制度制定与调整的工程难题，不仅要研究炉料分布模型、料流轨迹模型，而且更需要研究引起这一空间分布模型的因果关系。

在高炉装料过程中布料矩阵是调节炉料在炉喉分布操作变量，见表3-1，其中α_i和c_i分别表示可调变量。由此，描述布料矩阵的操作变量$\boldsymbol{u}$可表达为：

$$\alpha = [\alpha_1, \cdots, \alpha_m]^{\mathrm{T}} \in \mathbf{R}^{m\times 1}, \ \alpha_i \in [\alpha_{\min}, \alpha_{\max}] \tag{3-1}$$

$$\boldsymbol{c} = [c_1, \cdots, c_m]^{\mathrm{T}} \in \mathbf{N}^{m\times 1} \tag{3-2}$$

$$\boldsymbol{u} = [\boldsymbol{\alpha}, \boldsymbol{c}] \tag{3-3}$$

表3-1 高炉布料矩阵

钢厂	设定值	环1	环2	环3	环4	环5	环6	总圈数
包钢	α_i	42.5	40	37.5	34.5	31.5	13.5	
	c_i	2	3	2	2	2	2	13
柳钢	α_i	37	34	32	28	21		
	c_i	3	2	2	2	1		10

以$r \in [0, R]$表示炉喉径向切面下炉料距离炉喉中心的坐标，R表示炉喉半径，分布函数$f(r, \boldsymbol{u})$和$h(r, \boldsymbol{u})$分别表示在输入操作变量$\boldsymbol{u}$下高炉装料过程炉喉输出的料面形状和料层厚度分布（由于布料矩阵中布料圈数为整数值，所以可通过径向分布函数描述空间分布），由此，高炉装料过程炉喉输出料面分布形状的建模问题，主要是解决如何根据输入$\boldsymbol{u}$构建分布函数$f(r, \boldsymbol{u})$和$h(r, \boldsymbol{u})$的数学描述。

一般来说，根据对象机理描述关系的清晰与否，常规建模可分为黑箱建模和白箱建模。当所研究的系统机理较为复杂，或者系统输入与输出之间的机理较难描述时一般采用基于数据驱动的黑箱建模方法。这种方法要求系统输入输出数据满足一定的映射关系，并需要足够的训练样本。然而实际的高炉装料过程，输入操作变量布料矩阵往往为定常参数，而炉喉输出料面分布形状却是一个受其他因素影响的动态数据，很难构建基于数据的映射关系，难以通过数据驱动的方法构建炉喉料面分布形状的数学描述。

本节将根据多环布料工艺，详细阐述炉喉料面分布形成的机理。鉴于旋转溜槽总是以整数圈旋转，溜槽旋转角速度 ω 往往为定值（每一圈用时 7.5 s），故装料过程在炉喉形成的三维空间分布可以由二维空间中的径向函数描述。如图 3-1（a）所示，由虚线 $f_b(r)$ 描述的坐标 r 上函数表示料线（装料过程的底部形状），$f_1(r, \alpha_1, c_1)$ 表示第一环装料后形成的顶层料面形状，α_1、c_1 为第一环装料所执行的溜槽倾角和旋转圈数。第二环布料时，旋转溜槽的倾角从 α_1 切换至 α_2，并在该倾角下布料 c_2 圈，如图 3-1（b）所示。其中，第一环装料后形成的顶层料面 $f_1(r, \alpha_1, c_1)$ 成为本次装料的底层料线（虚线所示），而原来的料线 $f_b(r)$ 则成为旧料线，形成新的顶层料面形状 $f_1(r, \alpha_2, c_2)$。以此类推，第 m 环布料时，执行溜槽倾角 α_m 和旋转圈数 c_m，图 3-1（c）用 $f_{m-1}(r, \alpha_{m-1}, c_{m-1})$ 和 $f_m(r, \alpha_m, c_m)$ 分别表示新料线和第 m 环装料形状，$m-2$ 环之前的料面则成为旧料面，而新形成的料面即是整个装料批次所形成的料面。

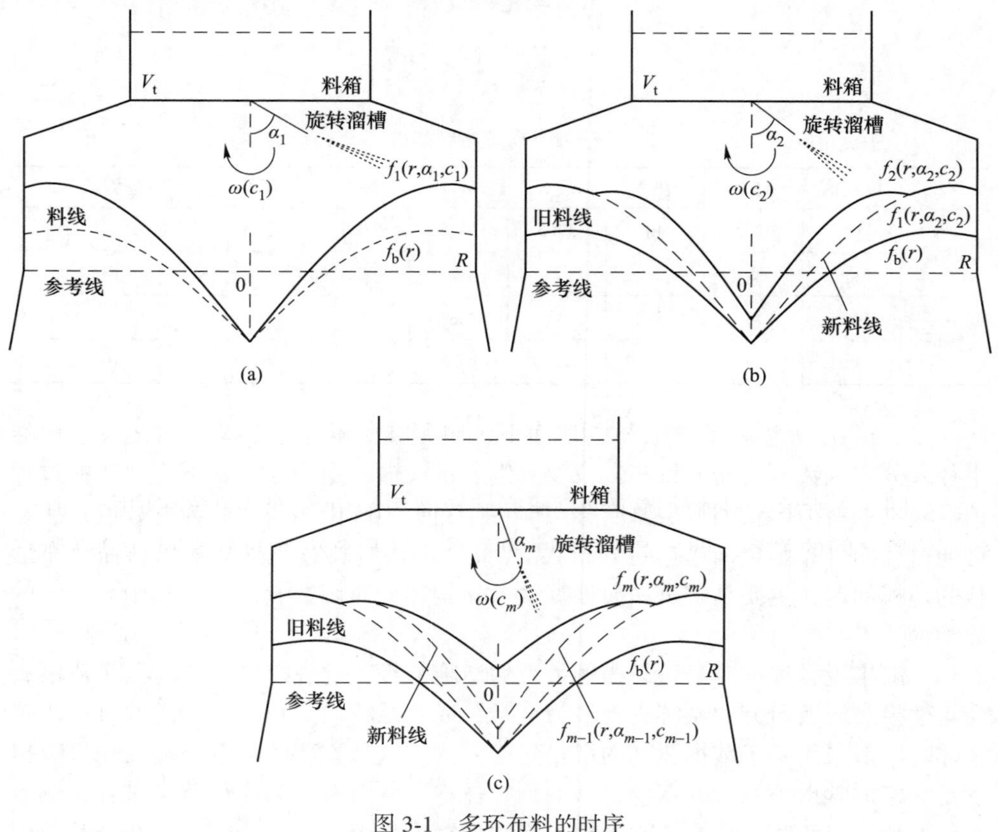

图 3-1　多环布料的时序

（a）第一环布料；（b）第二环布料；（c）第 m 环布料

在高炉布料操作制度中，旋转溜槽与垂直方向的夹角 α_i 在允许区间内可为任何值，如 $\alpha_i \in [10°, 45°]$ 表征旋转溜槽与垂直方向的夹角最小可为 10°，最大可为 45°。在布料矩阵中溜槽旋转圈数 c_i 是一个非零的正整数，而整个料批批重的装料需要在有限的时间内完成，故布料矩阵中溜槽旋转圈数往往需要遵循一定总圈数的约束，一般为 10~14 的整数，见表 3-1，其约束的数学表达可写为：

$$c_t = \sum_{i=1}^{m} c_i \tag{3-4}$$

由此，针对表 3-1 和图 3-1 所示，高炉装料过程中的输入和输出关系，在多环布料工艺操作下，炉喉所形成的装料形状和料层厚度分布可描述为：

$$\begin{cases} f_i(r, \alpha_i, c_i) = F[f_{i-1}(r, \alpha_{i-1}, c_{i-1}), \alpha_i, c_i] \quad (i=1, \cdots, m) \\ f_i(r, \alpha_0, c_0)|_{i=0} = f_b(r) \\ f(r, \boldsymbol{u}) = f_m(r, \alpha_m, c_m) \\ h(r, \boldsymbol{u}) = f(r, \boldsymbol{u}) - f_b(r) \end{cases} \tag{3-5}$$

式中，$F[\cdot]$ 表示在控制序列 $\{(\alpha_i, c_i)\}$ 的作用下当前所形成的装料形状 $f_i(r, \alpha_i, c_i)$ 与前一环装料形状 $f_{i-1}(r, \alpha_{i-1}, c_{i-1})$ 之间的递进关系。

针对高炉冶炼操作中布料制度制定与调整的难题，本章以构建高炉装料过程炉喉输出料面分布形状的模型为目的，结合多环布料工艺以及现有的布料模型基础，研究炉喉料面分布形状的输入输出关系，其具体问题包括 3 个方面：

(1) 间歇装料过程中批重与炉喉料层厚度分布之间的关系；

(2) 布料矩阵中溜槽倾角与落点、料面分布之间的关系；

(3) 布料矩阵中旋转圈数序列与多环布料、料层厚度分布的递进关系。

3.3 高炉装料过程模型基础

3.3.1 料流轨迹模型

如图 3-2 所示，料流轨迹模型是研究旋转溜槽倾角与炉料颗粒在炉喉平面上落点位置之间的关系，即 α 与 x_α 之间的关系。打开料箱中的节流阀，炉料颗粒经由中心喉管流至旋转溜槽，至中心喉管处炉料颗粒初始速度 v_0，降至旋转溜槽时的速度 v_2，离开旋转溜槽时速度为 v_f，炉料离开旋转溜槽之后在炉喉自由运动 H 距离后落到距离炉喉中心 x_α 的位置。炉料在经由料箱节流阀、中心喉管、旋转溜槽，直至落在炉喉料面上，可分为如下 3 个阶段。

3.3.1.1 炉料在中心喉管的运动

高炉炉顶设备的中心喉管的高度以 H_γ 表示，以包钢为例，$H_\gamma = 1.68$ m。炉料在中心喉管直至落在旋转溜槽阶段的运行过程中主要受重力影响，由此，在重

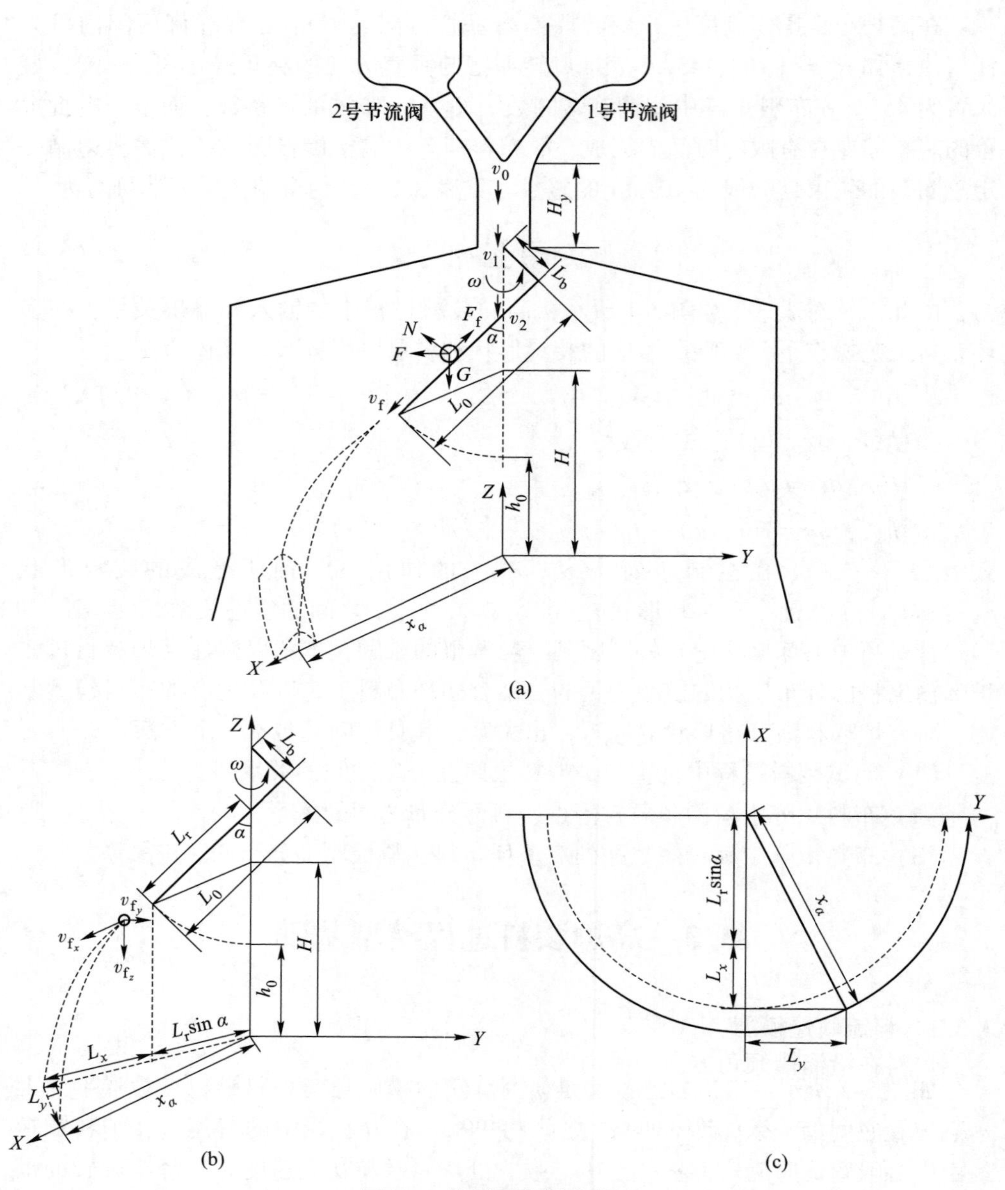

图 3-2　炉料颗粒料流轨迹

（a）料流轨迹整体示意；（b）速度分解；（c）炉料落点

力势能的作用下，炉料离开中心喉管的动能与进入中心喉管的初始动能，以及炉料离开中心喉管后的动能直至落在旋转溜槽的动能之间存在如下关系：

$$mgH_y = \frac{1}{2}mv_1^2 - \frac{1}{2}mv_0^2 \tag{3-6}$$

$$mg\frac{L_b}{\sin\alpha} = \frac{1}{2}mv_2^2\ \frac{1}{2}mv_1^2 \tag{3-7}$$

$$v_1 = \sqrt{2gH_y + v_0^2} \tag{3-8}$$

$$v_2 = \sqrt{2g(H_y + L_b/\sin\alpha) + v_0^2} \tag{3-9}$$

式中，L_b 表示溜槽倾动距；α 为溜槽倾角。

初始速度 v_0 受节流阀开度影响，料箱中炉料的体积与料速之间存在如下关系：

$$V_t = v_0 S_o T_o \tag{3-10}$$

$$v_0 = \frac{V_t}{S_o T_o} \tag{3-11}$$

式中，V_t 表示料箱中炉料的体积；S_o 表示由节流阀开度所决定的截面积；T_o 表示料批布进高炉所需时间，即布料总圈数与旋转一圈所需时间的积，如式(3-12)所示。

$$T_o = c_t T_s \tag{3-12}$$

一般来说，溜槽旋转一圈所需时间 $T_s = 7.5$ s，旋转角速度 ω 为：

$$\omega = \frac{2\pi}{T_s} \tag{3-13}$$

3.3.1.2 炉料在旋转溜槽上的运动

如图 3-2 所示，炉料在旋转溜槽上的受力主要为重力 G、离心力 F、支持力 N 和摩擦力 F_f。

$$G = mg$$

$$F = m\omega^2(L_0 - L_b/\tan\alpha)\sin\alpha$$

$$N = mg\sin\alpha\omega^2 m(L_0 - L_b/\tan\alpha)\sin\alpha\cos\alpha$$

$$F_f = \mu_f N = \mu_f mg\sin\alpha - \mu_f\omega^2 m(L_0 - L_b/\tan\alpha)\sin\alpha\cos\alpha$$

式中，μ_f 为摩擦系数。

炉料在沿溜槽倾角方向的受力为：

$$m\frac{dV}{dt} = \sum F = G\cos\alpha - F_f + F\sin\alpha$$

$$= m\{g(\cos\alpha - \mu_f\sin\alpha) + \omega^2 L_r\sin\alpha(\sin\alpha + \mu_f\cos\alpha)\} \tag{3-14}$$

$$L_r = L_0 - L_b/\tan\alpha \tag{3-15}$$

炉料颗粒从中心喉管自由落体到碰撞到旋转溜槽之前的方向为垂直向下，之后在合力 $\sum F$ 的作用下沿溜槽倾角方向运动。

$$v_3 = \eta_c v_2\cos\alpha \tag{3-16}$$

$$v_f = \sqrt{2gL_r(\cos\alpha - \mu_f\sin\alpha) + \omega^2 L_r^2\sin\alpha(\sin\alpha + \mu_f\cos\alpha) + v_3^2} \tag{3-17}$$

式中，η_c 为碰撞损失系数，与炉料材质和溜槽材质相关，一般来说矿石的 $\eta_c \approx 0.95$，焦炭的 $\eta_c \approx 0.82$。

3.3.1.3　炉料离开旋转溜槽之后的运动

如图 3-2 所示，炉料离开旋转溜槽后主要受垂直方向上的重力 G 和水平方向的惯性科氏力 F_k：

$$G = mg \tag{3-18}$$

$$F_k = m\omega v_f L_r \sin^2\alpha$$

其中，水平方向上的惯性科氏力不改变运动速度，仅改变其运动方向，以坐标系 O_{XYZ} 为参考，炉料在离开旋转溜槽后的速度 v_f 可在动坐标系 O_{XYZ} 下分解成：

$$v_{f_x} = v_f \sin\alpha \tag{3-19}$$

$$v_{f_y} = \omega L_r \sin\alpha \tag{3-20}$$

$$v_{f_z} = v_f \cos\alpha \tag{3-21}$$

式中，v_{f_x} 表示炉料在溜槽末端 X 方向的分速度，m/s；v_{f_y} 表示炉料在溜槽末端 Y 方向的分速度，m/s；v_{f_z} 表示炉料在溜槽末端 Z 方向的分速度，m/s。

炉料从离开溜槽到料面的空间垂直路程为 H，以 L_x、L_y 和 t_f 分别表示炉料在 O_{XYZ} 坐标系下炉料离开溜槽末端后的运动距离，以及炉料在离开旋转溜槽到料面的运动时间，则根据牛顿运动学定律有如下关系：

$$H = v_f \cos\alpha t_f + \frac{g t_f^2}{2} \tag{3-22}$$

$$L_x = v_{f_x} t_f = v_f \sin\alpha t_f \tag{3-23}$$

$$L_y = v_{f_y} t_f = \omega L_r \sin\alpha t_f \tag{3-24}$$

根据式（3-22）中的一元二次方程，可解得 t_f 为：

$$t_f = \frac{-v_f\cos\alpha + \sqrt{v_f^2\cos^2\alpha + 2gH}}{g} = \frac{v_f \sin\alpha}{g}\left(\sqrt{\frac{1}{\tan^2\alpha} + \frac{2gH}{v_f^2\sin^2\alpha}} - \frac{1}{\tan\alpha}\right) \tag{3-25}$$

由此，炉料颗粒在 O_{XYZ} 坐标系 X 方向和 Y 方向上的运动距离为：

$$L_x = v_f \sin\alpha t_f = \frac{v_f^2 \sin^2\alpha}{g}\left(\sqrt{\frac{1}{\tan^2\alpha} + \frac{2gH}{v_f^2\sin^2\alpha}} - \frac{1}{\tan\alpha}\right) \tag{3-26}$$

$$L_y = \omega L_r \sin\alpha t_f = \frac{\omega L_r v_f \sin^2\alpha}{g}\left(\sqrt{\frac{1}{\tan^2\alpha} + \frac{2gH}{v_f^2\sin^2\alpha}} - \frac{1}{\tan\alpha}\right) \tag{3-27}$$

如图 3-2（c）所示，炉料在 O_{XY} 平面的分布，是以 Z 轴为中心、以 x_α 为半径的一个圆周。

$$x_\alpha^2 = (L_r \sin\alpha + L_x)^2 + L_y^2 \tag{3-28}$$

$$x_\alpha = \sqrt{L_r^2 \sin\alpha + 2L_r \sin\alpha L_x + \left(1 + \frac{\omega^2 L_r^2}{v_f^2}\right) L_x^2} \tag{3-29}$$

由此，便可根据具体高炉本体参数计算相应溜槽倾角下炉料颗粒的落点距离中心的位置。表 3-2 给出了一般高炉用以计算落点位置的具体参数。

表 3-2 布料参数列表

参数	含义	单位	参数值举例
V_t	料箱中炉料体积	m^3	30
H_y	喉管长度	m	1.68
T_o	装料时布料总时长	s	97.5
S_o	布料时节流阀开度下的截面积	m^2	0.16
μ_f	摩擦系数		0.45
η_c	碰撞损失系数		0.85
h_0	料线深度	m	1.4
L_0	溜槽长度	m	4.0
L_b	溜槽倾动距	m	1.2
g	重力加速度	m/s^2	9.8
ω	旋转角速度	rad/s	0.837

3.3.2 料面分布形状的数学描述

鉴于高炉布料时旋转圈数总是整数，高炉专家在描述高炉料面时均假设炉料关于高炉中心线对称分布，并在圆周方向上均匀分布，因此炉喉三维料面分布可由径向截面的二维函数曲线描述，图 3-3 给出了两种描述料面的方法。刘云彩在研究高炉炉料形成料堆特性后，用两段直线描述料面形状[1]，如图 3-3（a）所示，其数学描述为：

$$f(r) = \begin{cases} \tan\varphi_{in} r + b_1 & (0 \leqslant r \leqslant x_\alpha) \\ -\tan\varphi_{out} r + b_2 & (x_\alpha < r \leqslant R) \end{cases} \tag{3-30}$$

式中，x_α 表示堆尖位置与高炉中心的距离；自变量 r 表示半径方向上与高炉中心的距离；$\tan\varphi_{in}$ 与 $\tan\varphi_{out}$ 分别表示与内堆角和外堆角相关的 L_1 与 L_2 段直线的斜率；b_1 和 b_2 表示分段函数待定参数，可根据现场观测到的具体数值拟合计算获得；函数 $f(r)$ 表征自变量 r 表示位置上的料面高度。

北京科技大学杨天钧与中南大学吴敏等通过高炉实测数据给出了直线和曲线

共同描述料面的四段函数法[11-12]，如式（3-31）和图 3-3（b）所示。

$$f(r)=\begin{cases}a_0+a_1r+a_2r^2 & (0\leqslant r\leqslant x_1)\\ b_0+b_1r & (x_1<r\leqslant x_2)\\ c_0+c_1r+c_2r^2 & (x_2<r\leqslant x_3)\\ d_0+d_1r & (x_3<r\leqslant R)\end{cases}\tag{3-31}$$

式中，r 表示半径方向上与高炉中心的距离；R 表示炉喉半径；b_1 与 d_1 表示炉料内外堆角决定的直线段的斜率；a_0、a_1、a_2、b_0、c_0、c_1、c_2、d_0 为待定系数，可根据雷达或者激光料面数据分段计算不同参数值；分界点 x_1、x_2、x_3 为与堆角位置相关的变量，一般由经验公式计算。

北京首钢马富涛在 2013 年又将四段函数法精简为三段函数法，将图 3-3（b）中的 C_1 和 L_1 合成一段直线的描述[13]。

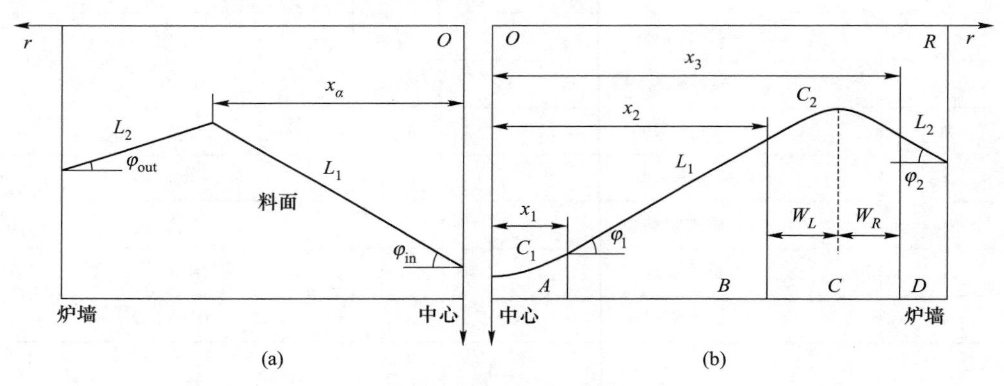

图 3-3　料面数学描述示意

（a）两段函数法；（b）四段函数法

印度学者 Nag 在塔塔钢铁公司根据 1∶10 的冷态实验装料模拟给出了描述炉料料堆形态的高斯分布函数法[9]，其数学描述如下：

$$f(r)=A\exp\left[-\frac{(r-B)^2}{C^2}\right]\tag{3-32}$$

与前面两种料面输出形状的数学描述一致，式（3-32）中，自变量 r 和函数 $f(r)$ 分别表示半径方向上与高炉中心的距离，以及相应位置 r 上料面的高度值；A、B 和 C 为 3 个独立参数，A 是一个与堆峰高度相关的变量，B 是一个与堆峰位置相关的参数，C 是一个与料堆分布有关的变量。

3.3.3　料层厚度分布描述与等体积原则

高炉冶炼过程中装料制度负责将一定批重的矿石和焦炭经由配料称重、上料、装料依批次交替装入高炉，并在布料器的作用下使得炉料在炉喉形成一定的料层分布。以 W_t 标征批重，$\rho_{c/o}$ 标征炉料（焦炭或者矿石）的堆密度，由此料箱中的炉料体积以及装入炉喉的炉料体积可以计算为：

$$V_t = \frac{W_t}{\rho_{c/o}} \tag{3-33}$$

料流轨迹模型构建了溜槽旋转角度与炉料落点距离之间的关系，基于二维径向函数描述的料面形状分布也可以描述炉料在炉喉的空间分布情况，然而并没有从整体上构建出操作参数布料矩阵与炉喉炉料分布之间的数学描述。

本书以 $f(r, \boldsymbol{u})$、$h(r, \boldsymbol{u})$ 以及 $f_b(r)$ 为高炉布料矩阵 $\boldsymbol{u}$ 操作下的料面分布、料层厚度分布以及底层料面描述，并在料流轨迹模型、料面分布函数模型描述的基础上研究以高炉布料矩阵 $\boldsymbol{u}$ 为操作变量的料面分布 $f(r, \boldsymbol{u})$、料层厚度分布 $h(r, \boldsymbol{u})$ 的数学表达关系：

$$h(r, \boldsymbol{u}) = f(r, \boldsymbol{u}) - f_b(r) \tag{3-34}$$

高炉装料是一个间歇过程，每批炉料的批重恒定，受质量守恒规则影响，炉料在从料箱装入炉喉之前的批重与炉料装入炉喉之后并在炉喉形成一定空间分布的批重保持不变。假定高炉装料过程每批炉料的粒度分布相同，料箱中炉料颗粒的堆密度和炉喉堆密度相同，则高炉装料过程每批炉料在炉喉形成的料层厚度分布满足等体积的积分约束：

$$\begin{aligned} V_t &= \int_0^R 2\pi r[f(r, \boldsymbol{u}) - f_b(r)]\mathrm{d}r \\ &= \int_0^R 2\pi r h(r, \boldsymbol{u})\mathrm{d}r \end{aligned} \tag{3-35}$$

式中，V_t 表示恒定批重下相应炉料（矿石或者焦炭）的体积。

3.4 基于分布参数特征的布料过程输入输出模型

针对高炉冶炼过程装料操作的实际特点，为了更好地利用炉料等体积积分原则研究以布料矩阵为操作变量的高炉炉喉料面分布的模型描述，本书假定高炉装料过程中满足如下前提条件：

（1）每个批次的批重恒定，相同批重下炉料的粒度分布相同。

（2）炉料在料箱的堆密度与在高炉炉喉的堆密度相同。

（3）炉料下降的料速以及每一圈布料的量相同。

3.4.1 单环布料的模型描述

特定物料在一定的粒度分布下具有相同的物料堆积角，如盐 25°、玉米 35°、铁矿石 35°、焦炭 45°等，而在印度学者 Nag 给出的一种基于正态分布的料堆形状的数学描述中，A 和 B 是与物料堆积角相关的参数，当引入系数 ξ 用以表述不同物料的物理属性时，描述料堆形状的函数式［式（3-32）］中的未知参数 A 和 B 可以精简至一个。此外，参数 C 是一个与落点位置相关的变量，而落点位置在高炉布料过程又是一个和溜槽倾角 α 相关的变量。

单环布料是高炉布料的基本组成单元，在小高炉冶炼时期发挥着十分重要的作用。执行单环布料操作时旋转溜槽将一定批重的炉料沿唯一的倾角装入炉喉，即仅有一个可控操作参数——溜槽倾角 α。鉴于此，本书在刘云彩料流运动轨迹模型［式（3-28）］和印度学者 Nag 料堆形状模型［式（3-32）］的基础上，利用料仓与炉喉体积积分相同的炉料等体积原则，综合考虑高炉装料过程中批重、溜槽倾角以及径向分布的函数关系，给出了单环布料的数学描述：

$$f(r,\ \alpha)=\xi\sigma_{\alpha}\exp\left[-\frac{(r-x_{\alpha})^{2}}{\sigma_{\alpha}^{2}}\right] \tag{3-36}$$

$$h(r,\ \alpha)=f(r,\ \alpha)-f_{\mathrm{b}}(r) \tag{3-37}$$

$$V_{\mathrm{t}}=\int_{0}^{R}2\pi r h(r,\ \alpha)\,\mathrm{d}r \tag{3-38}$$

式中，x_{α} 表示溜槽倾角 α 对应的落点位置，并通过式（3-6）~式（3-28）的方程计算得到，同时也是炉料分布形态的中心；系数 ξ 为描述分体物料堆积属性的参数；σ_{α} 表示料堆的堆高；V_{t} 表示恒批重下对应的装料体积[14-15]。

对于高炉装料过程中入炉的矿石或者焦炭，在满足相同批重下炉料粒度分布相同的假设下，炉料的堆积属性参数为定常参数 ξ，参数 ξ 可根据常规物料堆积角计算。由于高炉装料时每个批次的批重恒定，炉料在料箱与在炉喉的堆密度相同，故根据批重以及堆密度即可计算相应的装料体积 V_{t}。由于料层厚度分布模型（式（3-37））满足体积积分约束（式（3-38）），则单环布料操作时，随着溜槽倾角的调整，装料形状 $f(y,\ \alpha)$ 和料层厚度分布模型 $h(r,\ \alpha)$ 中仅有的未知参数 σ_{α} 可以通过迭代计算的方法获得。

3.4.2　多环布料以及料面输出形状的时序递进描述

多环布料是大型高炉实施大矿批高炉装料的关键技术，在高炉装料过程中通过调节第 i 环旋转溜槽的倾角 α_i 和旋转圈数 c_i，把体积为 V_{t} 的固态炉料颗粒分成 c_{t} 份，分 m 环装入高炉。多环布料过程中所形成的装料形状 $f(r,\ \boldsymbol{u})$ 是 m 环装料与布料有序递进的结果。

高炉多环布料在满足以相同的装料速度布料操作时，多环布料的每一圈所布炉料具有相同的体积，根据上述单环布料操作的模型描述，于是在相应溜槽倾角 α 下每一单位圈所形成的装料形状以及相应的体积约束可写为：

$$f_{\mathrm{u}}(r,\ \alpha)=\xi\sigma\exp\left[-\frac{(r-x_{\alpha})^{2}}{\sigma^{2}}\right] \tag{3-39}$$

$$V_u = \frac{V_t}{c_t} = \int_0^R 2\pi r[f_u(r, \alpha) - f_b(r)]\mathrm{d}r \tag{3-40}$$

与单环布料模型一样，仅有一个待估参数 σ 在单位圈所形成的装料形状（式（3-39））中，在体积积分约束（式（3-40））下可以通过迭代学习计算获得。

因此，按一定时序执行的多环布料操作过程中的多层递归关系 $F[\cdot]$、装料形状 $f(r, \boldsymbol{u})$ 与料层厚度分布 $h(r, \boldsymbol{u})$，以及相应的体积积分约束可写为如下递进关系：

$$f_1(r, \alpha_1, c_1) = \begin{cases} \xi\sigma_1 \exp\left[-\dfrac{(r - x(\alpha_1))^2}{\sigma_1^2}\right], & f_1(r, \alpha_1, c_1) \geqslant f_b(r) \\ f_b(r) \end{cases} \tag{3-41}$$

$$c_1 V_u = \int_0^R 2\pi r[f_1(r, \alpha_1, c_1) - f_b(r)]\mathrm{d}r \tag{3-42}$$

$$f_2(r, \alpha_2, c_2) = \begin{cases} \xi\sigma_2 \exp\left[-\dfrac{(r - x(\alpha_2))^2}{\sigma_2^2}\right], & f_2(r, \alpha_2, c_2) \geqslant f_1(r, \alpha_1, c_1) \\ f_1(r, \alpha_1, c_1) \end{cases} \tag{3-43}$$

$$c_2 V_u = \int_0^R 2\pi r[f_2(r, \alpha_2, c_2) - f_1(r_1, \alpha_1, c_1)]\mathrm{d}r \tag{3-44}$$

$$\vdots$$

$$f_m(r, \alpha_m, c_m) = \begin{cases} \xi\sigma_m \exp\left[-\dfrac{(r - x(\alpha_m))^2}{\sigma_m^2}\right], & f_m(r, \alpha_m, c_m) \geqslant f_{m-1}(r, \alpha_{m-1}, c_{m-1}) \\ f_{m-1}(r, \alpha_{m-1}, c_{m-1}) \end{cases}$$

$$c_m V_u = \int_0^R 2\pi r[f_m(r, \alpha_m, c_m) - f_{m-1}(r, \alpha_{m-1}, c_{m-1})]\mathrm{d}r \tag{3-45}$$

$$f(r, \boldsymbol{u}) = f_m(r, \alpha_m, c_m) \tag{3-46}$$

$$h(r, \boldsymbol{u}) = f(r, \boldsymbol{u}) - f_b(r) \tag{3-47}$$

式中，$x(\alpha_i)$ 表示第 i 环布料旋转溜槽倾角对应下的炉料落点位置，可通过料流轨迹方程计算获得；$f_i(r, \alpha_i, c_i)$ 表示第 i 环布料所形成的装料形状。鉴于最后一环布料所形成的形状为该批次装料下多环布料所形成的布料形状，在单环布料模型描述参数求解的基础上，多环布料操作下装料形状［式（3-46）］和料层厚度分布［式（3-47）］模型描述可以转换成在相应的体积积分约束下递归的求解待估参数 σ_1，σ_2，…，σ_m。

3.4.3 基于迭代学习的递推参数估计

对于单环布料，仅有一个待估计的未知参数 σ_α，该变量是一个与炉料堆高和体积相关的变量，炉料在炉喉分布的体积与相应的堆高是一一对应关系，当炉料体积 V_t 确定时便可计算出这个相应的未知参数。

在确定的溜槽倾角 α 和规定的装料体积 V_t 下，定义一个与待估参数 σ_α 相关的准则函数：

$$J_v(\hat{\sigma}_\alpha) = \int_0^R 2\pi r[f(\hat{\sigma}_\alpha) - f_b(r)]dr - V_t \tag{3-48}$$

$$f(\hat{\sigma}_\alpha) = \xi\hat{\sigma}_\alpha \exp\left[-\frac{(r - x_\alpha)^2}{\hat{\sigma}_\alpha^2}\right] \tag{3-49}$$

由于待估参数 $\hat{\sigma}_\alpha$ 与准则函数 $J_v(\hat{\sigma}_\alpha)$ 是线性关系，在 $J_v(\hat{\sigma}_\alpha)$ 非零时只有大于零和小于零两种方向的数值，为了找到合适的参数 $\hat{\sigma}_\alpha$ 使得单环布料的炉料体积 V_t 满足设定要求，本节给出一种基于迭代学习的参数估计方法：

$$\hat{\sigma}_\alpha^{(k+1)} = \hat{\sigma}_\alpha^{(k)} + \lambda J_v \hat{\sigma}_\alpha^{(k)} \tag{3-50}$$

式中，λ 为迭代步长。

对于单环布料模型中的待估参数 $\hat{\sigma}_\alpha$，当满足如下迭代终止条件时：

$$|J_v(\hat{\sigma}_\alpha)| \leqslant \varepsilon \tag{3-51}$$

体积积分准则函数 $J_v(\hat{\sigma}_\alpha)$ 趋近于 0，这里 ε 是一个很小的正数，如 $\varepsilon = 10^{-2}$。

将单环布料模型在确定的溜槽倾角 α 和规定的装料体积 V_t 下计算待估参数的方法推广至多环布料操作模型，依序定义多环布料操作的准则函数：

$$J_{\alpha_1}(\hat{\sigma}_1) = \int_0^R 2\pi r[f_1(\hat{\sigma}_1) - f_b(r)]dr - c_1 V_u \tag{3-52}$$

$$\vdots$$

$$J_{\alpha_m}(\hat{\sigma}_m) = \int_0^R 2\pi r[f_m(\hat{\sigma}_m) - f_{m-1}(\hat{\sigma}_{m-1})]dr - c_m V_u \tag{3-53}$$

式中，$f_i(\hat{\sigma}_i)$ 表示第 i 环与待估参数相关的装料形状。

$$f_1(\hat{\sigma}_1) = \begin{cases} \xi\hat{\sigma}_1 \exp\left[-\dfrac{(r - x(\alpha_1))^2}{\hat{\sigma}_1^2}\right], & f_1(\hat{\sigma}_1) \geqslant f_b(r) \\ f_b(r) & \text{其他} \end{cases} \tag{3-54}$$

$$\vdots$$

$$f_m(\hat{\sigma}_m) = \begin{cases} \xi\hat{\sigma}_m \exp\left[-\dfrac{(r - x(\alpha_m))^2}{\hat{\sigma}_m^2}\right], & f_m(\hat{\sigma}_m) \geqslant f_{m-1}(\hat{\sigma}_{m-1}) \\ f_{m-1}(\hat{\sigma}_m - 1) & \text{其他} \end{cases}$$

由于准则函数 $J_{\alpha_i}(\sigma_i)$ 与前一环的料面形状 $f_{i-1}(\hat{\sigma}_{i-1})$ 相关，故需要采用如下基于迭代学习的递推参数估计方法求解待估参数 σ_1，σ_2，…，σ_m。

$$\hat{\sigma}_1^{(k+1)} = \hat{\sigma}_1^{(k)} + \lambda J_{\alpha_1}\hat{\sigma}_1^{(k)} \tag{3-55}$$

$$\vdots$$

$$\hat{\sigma}_m^{(k+1)} = \hat{\sigma}_m^{(k)} + \lambda J_{\alpha_m}\hat{\sigma}_m^{(k)} \big|_{\hat{\sigma}_{m-1}} \tag{3-56}$$

其每一环的迭代终止条件为：

$$|J_{\alpha_i}(\sigma_i)| \leqslant \varepsilon \tag{3-57}$$

同单环布料计算待估参数一样，这里 ε 也是一个很小的正数，如 $\varepsilon = 10^{-2}$，只不过在计算解待估参数时，需要依序递推进行，即先计算 $\hat{\sigma}_1$，再计算 $\hat{\sigma}_2$，最后计算 $\hat{\sigma}_m$。

3.5 仿真实验

由于缺乏理论支持，现场专家通常根据经验调整操作变量布料矩阵，给高炉炼铁过程带来很大的盲目性和不确定性。为了验证本书所提出的高炉装料过程炉喉炉料空间分布模型的有效性，本节以包钢集团现场操作的实际数据为依据搭建仿真实验。表 3-2 给出了本次仿真所用的高炉本体数据、高炉装料过程操作数据以及相关参数。2014 年 5 月包头钢铁集团新体系 7 号高炉开炉，我们有幸获取了高炉开炉数据，图 1-6（c）即为现场采集的炉喉装料形状照片，图 3-4 为本书所采用高斯分布的料堆形状，对比两个图可以看出，用高斯分布的料堆形状表征高炉布料所形成的装料形状是可行的，但仍需要进一步验证。

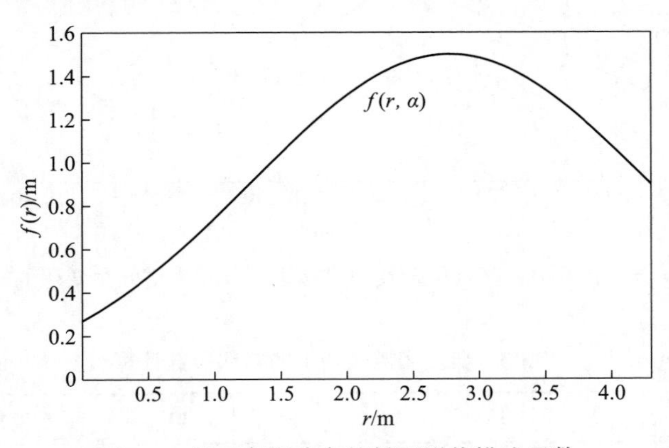

图 3-4 基于高斯分布的料面形状描述函数

3.5.1 单环布料

单环布料是高炉布料的基本组成单元，在所构建的单环布料模型中，影响炉料在炉喉空间分布的参数较少，便于分析具体变量对空间分布的影响。为了更好地研究和分析布料参数对炉喉料面分布的影响，本节以包钢 6 号高炉炉喉半径 $R=4.3$ m，料批体积 $V_t=30$ m^3 为实体对象，假定炉料堆积属性系数 $\xi=1.0$，搭建单环布料操作下不同溜槽倾角下的数据仿真实验。

首先，借助 Matlab 仿真工具，结合表 3-2 的高炉布料参数，根据料流轨迹模型式（3-6）~式（3-28）的编辑程序，计算不同倾角下的炉料落点位置 x_α。以溜槽倾角为横轴以炉料落点距离中心的位置为纵轴，图 3-5 给出了溜槽倾角在可调范围内［10°，45°］落点与倾角之间的对应关系，表 3-3 给出了 $\alpha=$［10°，15°，20°，25°，30°，35°，40°，45°］时落点位置的具体数值。

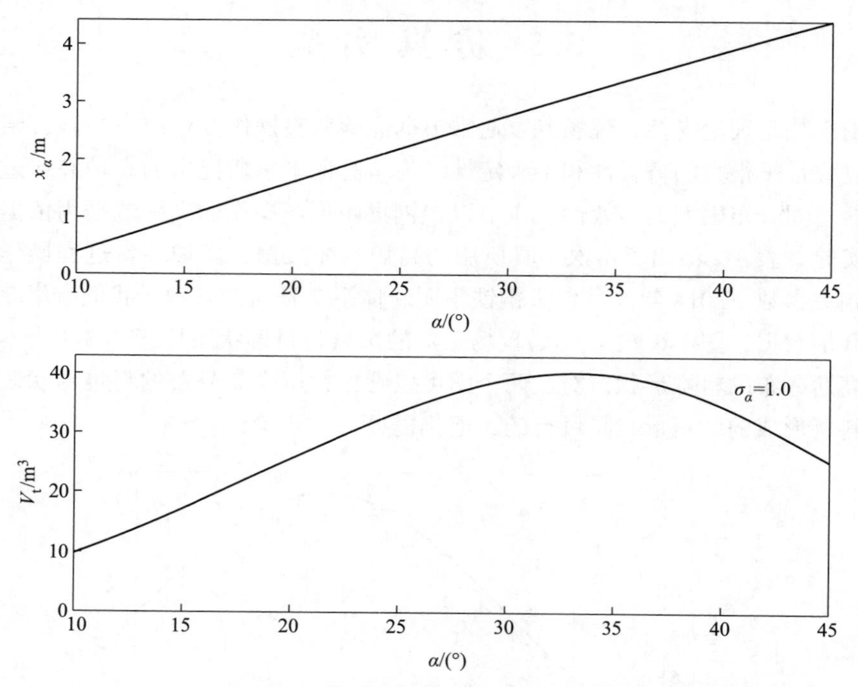

图 3-5　$\sigma_\alpha=1.0$ 下炉料落点位置及炉料体积积分随溜槽倾角变化的响应关系

表 3-3　典型溜槽倾角下的布料参数计算

α/(°)	10	15	20	25	30	35	40	45
x_α/m	0.388	1.014	1.618	2.205	2.780	3.344	3.896	4.223
$V_t\|\sigma_{\alpha=1.0}$/m^3	9.807	17.214	25.572	33.494	39.047	39.845	34.644	25.317

然后，根据单环布料的数学描述式（3-36），在假定底层料面分布形状为水平直线（即 $f_b(r)=0$）、形状参数 $\sigma_\alpha=1.0$ 为定值的条件下，物料性质参数$\xi=1$，

则单环布料操作时料面形状可描述为：

$$f(r, \alpha) = \exp[-(r - x_\alpha)^2]$$

在假定形状参数 $\sigma_\alpha = 1.0$ 为定值时，单环布料操作下料面形状的体积积分可通过式（3-58）计算。

$$V_t = \int_0^R 2\pi r f(r, \alpha) \mathrm{d}r \tag{3-58}$$

按照体积积分公式计算不同溜槽倾角下单环布料所描述形状的体积积分 V_t 随角 α 在区间［10°，45°］上的相应数值。图 3-5 给出了溜槽倾角在可调范围内［10°，45°］体积积分与倾角之间的对应关系，表 3-3 列出了典型溜槽倾角下与之相对应的体积积分数值，图 3-6 描绘了在 $\sigma_\alpha = 1.0$ 恒定时不同溜槽倾角下的料面形状分布函数。

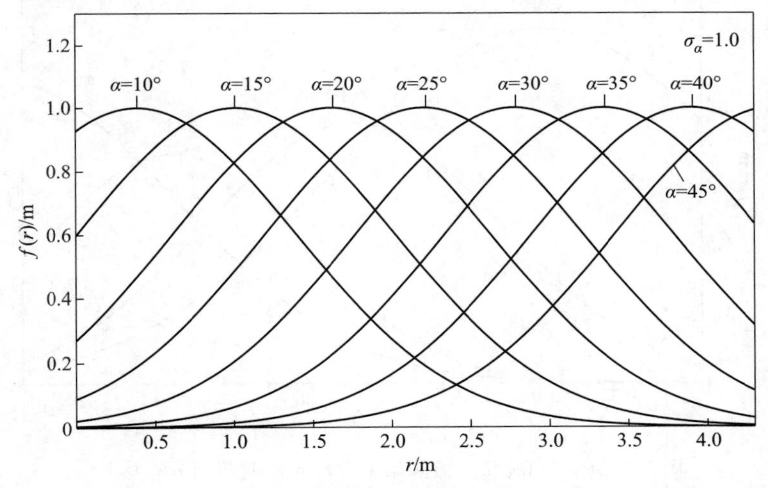

图 3-6　$\sigma_\alpha = 1.0$ 恒定时不同溜槽倾角下料面形状的分布函数

继而，根据式（3-36）给出单环布料在不同溜槽倾角下料面输出形状的数学描述：

$$f(r, \alpha) = \sigma_\alpha \exp\left[-\frac{(r - x_\alpha)^2}{\sigma_\alpha^2}\right]$$

式中，σ_α 为一个受控于装料料批体积的待估参数。

在等体积积分原则下，底层料面分布形状为水平直线时，利用迭代学习方法式（3-50），计算炉料倾角 α 分别为 15°、25°、35°、45°下的待估参数：

$$\hat{\sigma}_\alpha^{(k+1)} = \hat{\sigma}_\alpha^{(k)} + \lambda J_v \hat{\sigma}_\alpha^{(k)}$$

式中，迭代步长 $\lambda = 0.05$。

终止条件与准则函数表达如下：

$$|J_v(\hat{\sigma}_\alpha)| \leqslant \varepsilon$$

$$J_v(\hat{\sigma}_\alpha) = \int_0^R 2\pi r f(\hat{\sigma}_\alpha)\,\mathrm{d}r - 30$$

$$f(\hat{\sigma}_\alpha) = \hat{\sigma}_\alpha \exp\left[-\frac{(r - x_\alpha)^2}{\hat{\sigma}_\alpha^2}\right]$$

本节仿真选用 $\varepsilon = 0.001$。

最后，根据上述仿真程序在相同的炉料体积 $V_t = 30\ \mathrm{m}^3$ 约束下，计算出溜槽倾角 α 分别为 15°、25°、35°、45°时的待估参数 σ_α，并在图 3-7 中描绘出相应的料面分布关系。

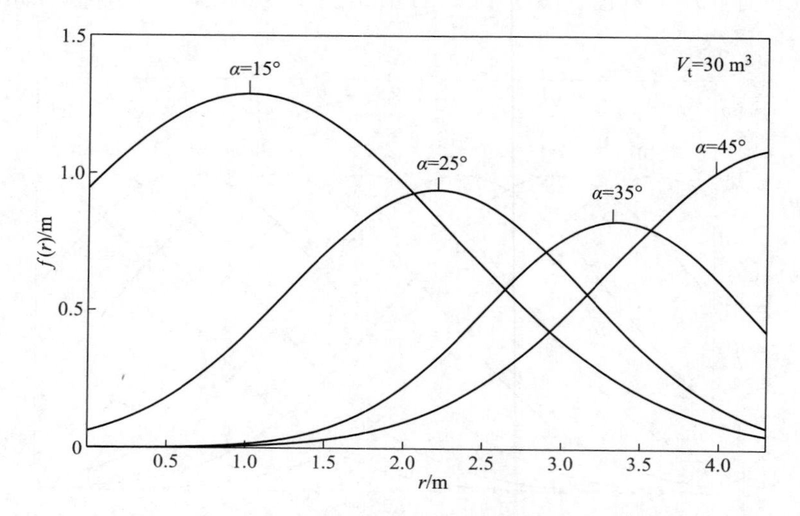

图 3-7　在不同旋转溜槽倾角下单环布料时料面分布形状

由图 3-7 可知，高炉在执行单环布料操作时，随着溜槽倾角的增大，炉料的堆高越来越低，而当倾角过大时炉料落点触及炉壁又使得料堆堆高增加。

3.5.2　多环布料

以包钢 6 号高炉多环布料操作为数据仿真依据，针对炉喉半径 $R = 4.3\ \mathrm{m}$，料批体积 $V_t = 30\ \mathrm{m}^3$，布料矩阵为：

$$\boldsymbol{\alpha} = [38.5,\ 35.50,\ 30.50,\ 28.0,\ 23.00]^{\mathrm{T}}$$

$$\boldsymbol{c} = [4,\ 2,\ 2,\ 1,\ 1]^{\mathrm{T}},\ c_t = 10$$

$$\boldsymbol{u} = [\boldsymbol{\alpha}^{\mathrm{T}};\ \boldsymbol{c}^{\mathrm{T}}]$$

布料总环数为 $c_t = 10$，则每一圈布料的体积 $V_u = 3\ \mathrm{m}^3$，假定炉料堆积属性系数 $\xi = 1.0$。

首先，根据现场采集的料面数据（见表 3-4），利用 Matlab 拟合函数 csapi 可拟合出底层料面形状 $f_b(r)$，如图 3-8、图 3-9 所示。

表 3-4 包钢炉喉底层料面实测数据

r/m	0	0.86	1.72	2.58	3.44	4.3
$f_b(r)$/m	0	0.52	1.05	1.51	1.64	1.56

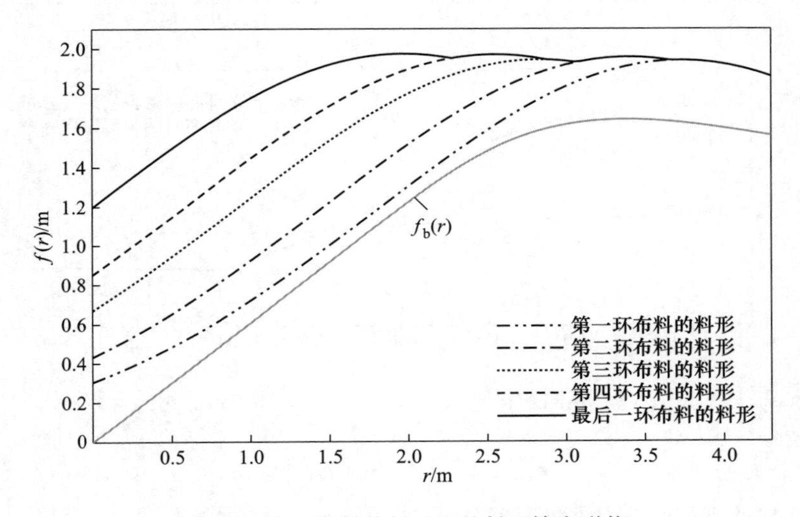

图 3-8 多环布料装料过程的料面输出形状

然后，基于料流轨迹模型分别计算布料矩阵中溜槽倾角 α 中每一个倾角对应的落点位置：

$$\begin{aligned}\boldsymbol{x}_\alpha &= [x_1, x_2, x_3, x_4, x_5]^{\mathrm{T}} \\ &= [x(38.5), x(35.50), x(30.50), x(28.0), x(23.00)]^{\mathrm{T}}\end{aligned}$$

式中，$x(\cdot)$ 表示溜槽倾角到落点位置的映射关系。

继而，根据式（3-42）与式（3-43）给出第一环的料面分布函数描述：

$$f_1(r) = \begin{cases} \sigma_1 \exp\left[-\dfrac{(r-x_1)^2}{\sigma_1^2}\right], & f_1(r) \geqslant f_b(r) \\ f_b(r) \end{cases}$$

$$c_1 V_u = \int_0^R 2\pi r[f_1(r) - f_b(r)]\mathrm{d}r = 4 \times 3 = 12\ \mathrm{m}^3$$

式中，待估参数 σ_1 是一个受体积积分约束的参数，可通过式（3-50）计算：

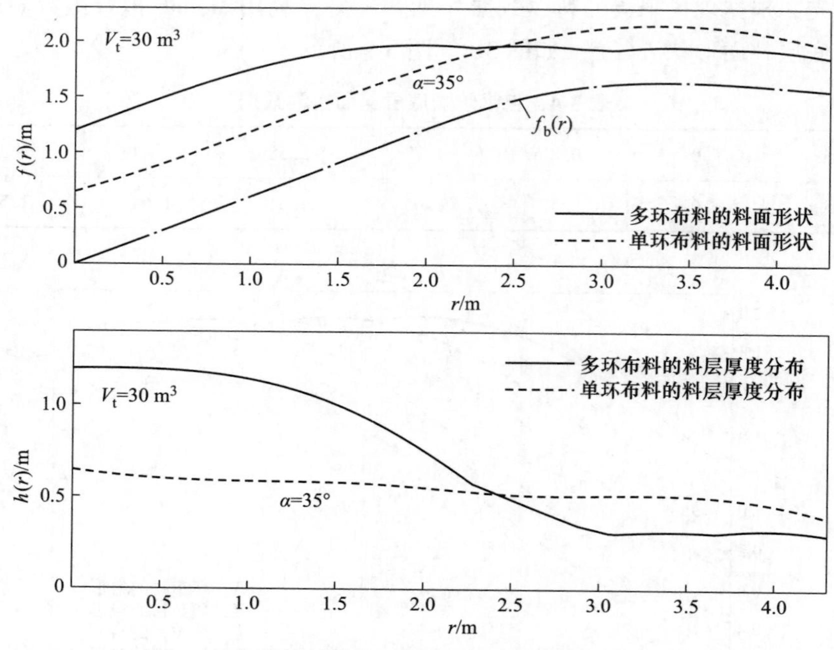

图 3-9　相同炉料体积下单环布料与多环布料的对比

$$\hat{\sigma}_1^{(k+1)} = \hat{\sigma}_1^{(k)} + \lambda J_1 \hat{\sigma}_1^{(k)}$$

终止条件与准则函数表达如下：

$$|J_1(\hat{\sigma}_1)| \leqslant \varepsilon$$

$$J_1(\hat{\sigma}_\alpha) = \int_0^R 2\pi r[f(\hat{\sigma}_1) - f_b(r)]\mathrm{d}r - 12$$

$$f(\hat{\sigma}_1) = \hat{\sigma}_1 \exp\left[-\frac{(r - x_1)^2}{\hat{\sigma}_1^2}\right]$$

迭代步长以及迭代终止条件参数同样选择 $\lambda = 0.05$ 和 $\varepsilon = 0.001$，由此便可以计算出满足第一环布料体积积分要求的料形参数 $\hat{\sigma}_1$。

以此类推，给出第二环、第三环、第四环以及最后一环的料面分布函数：

$$f_i(r) = \begin{cases} \sigma_i \exp\left[-\dfrac{(r - x_i)^2}{\sigma_i^2}\right], & f_i(r) \geqslant f_{i-1}(r) \\ f_{i-1}(r) \end{cases}$$

$$c_i V_u = \int_0^R 2\pi r[f_i(r) - f_{i-1}(r)]\mathrm{d}r = c_i \times 3\ \mathrm{m}^3$$

并参照第一环的方法依序分别计算待估参数 $\hat{\sigma}_2$，…，$\hat{\sigma}_5$。

最后，根据上述仿真计算出的料形分布参数 $\hat{\sigma}_1$，…，$\hat{\sigma}_5$ 以及每一环的料面形状的数学描述，利用 Matlab 中的 plot 命令绘制出多环布料操作下每一环的料面输出形状，如图 3-8 所示。另外，图 3-9 将上一节单环布料操作溜槽倾角为 $\alpha=35°$所形成的炉料分布形状与本节多环布料矩阵下所形成的料面分布形状，以及料层厚度分布进行了对比。通过对比图可知，单环布料适用于炉喉半径较小的高炉，而多环布料可以通过调整布料矩阵满足大型高炉对炉喉炉料分布的不同冶炼诉求。

3.5.3 基于开炉数据的仿真验证

以包钢 7 号高炉开炉实测数据为依据，利用 Matlab 工具搭建仿真实验，对本章所提出的高炉装料过程炉喉料面分布模型进行验证，具体数据如下：

炉喉半径 $R=5.25$ m；操作变量，布料矩阵为：

$$\boldsymbol{\alpha} = [43.0,\ 41.0,\ 39.0,\ 36.5,\ 34]^{\mathrm{T}}$$

$$\boldsymbol{c} = [2,\ 2,\ 2,\ 2,\ 2]^{\mathrm{T}},\ c_{\mathrm{t}} = 10$$

$$\boldsymbol{u} = [\boldsymbol{\alpha}^{\mathrm{T}};\ \boldsymbol{c}^{\mathrm{T}}]$$

料批批重，矿石批 $W_{\mathrm{t}}=59.3$ t，布料时间 73 s，布料总圈数 $c_{\mathrm{t}}\approx 10$；现场采集的料面数据见表 3-5。

表 3-5 包钢 7 号高炉开炉实测料面数据

r/m	0	1.05	2.10	3.15	4.20	5.25
$f(r)$/m	0.375	0.945	1.705	2.380	2.715	2.725
$f_{\mathrm{b}}(r)$/m	0	0.475	1.244	2.005	2.445	2.451

首先，根据一般铁矿石的堆密度 $\rho=2.0$ t/m³，计算入炉炉料的体积 $V_{\mathrm{t}}=59.3/2=29.65$ m³，并根据表 3-5 中的料面数据利用 Matlab 拟合函数 csapi，拟合出底层料面形状 $f_{\mathrm{b}}(r)$ 以及顶层装料形状 $f^{\mathrm{act}}(r)$，利用式（3-59）计算实际的炉料体积：

$$V_{\mathrm{t}}^{\mathrm{act}} = \int_0^R 2\pi r[f^{\mathrm{act}}(r) - f_{\mathrm{b}}(r)]\mathrm{d}r = 29.67\ \mathrm{m}^3 \tag{3-59}$$

炉料体积计算与实际之间的误差仅为 0.02 m³，不足 1%。

然后，由于布料总环数为 $c_{\mathrm{t}}=10$，因此每一圈布料的体积 $V_{\mathrm{u}}=2.965$ m³，针对矿石堆积角一般为 $\varphi=40°$，相应的物料系数 $\xi=1.29$，用上一节多环布料的仿真方法依序递推计算每一环的待估参数 σ_{α_i}，得到与相关操作变量布料矩阵 $\boldsymbol{u}$ 相关的料面分布形状 $f_{\mathrm{Gaussian}}(r, \boldsymbol{u})$ 和料层厚度分布 $h_{\mathrm{Gaussian}}(r, \boldsymbol{u})$，如图 3-10 中实线所示。

为了更好地验证并说明本书所提出模型的有效性及优越性，仿真实验给出了本书所提方法与基于两端函数法模型的对比，其中每一环的两端函数描述如下：

$$f(r)=\begin{cases}0.59r+b_1, & 0\leqslant r\leqslant x_\alpha \\ -0.5r+b_2, & x_\alpha<r\leqslant R\end{cases}$$

待估参数 b_1 与 b_2 是受体积约束的变量，可仿照求解 σ_i 的方法迭代计算，得到与相关操作变量布料矩阵 $\boldsymbol{u}$ 相关的料面分布形状 $f_{\text{Line}}(r, \boldsymbol{u})$ 和料层厚度分布 $h_{\text{Line}}(r, \boldsymbol{u})$，如图 3-10 中虚线所示。

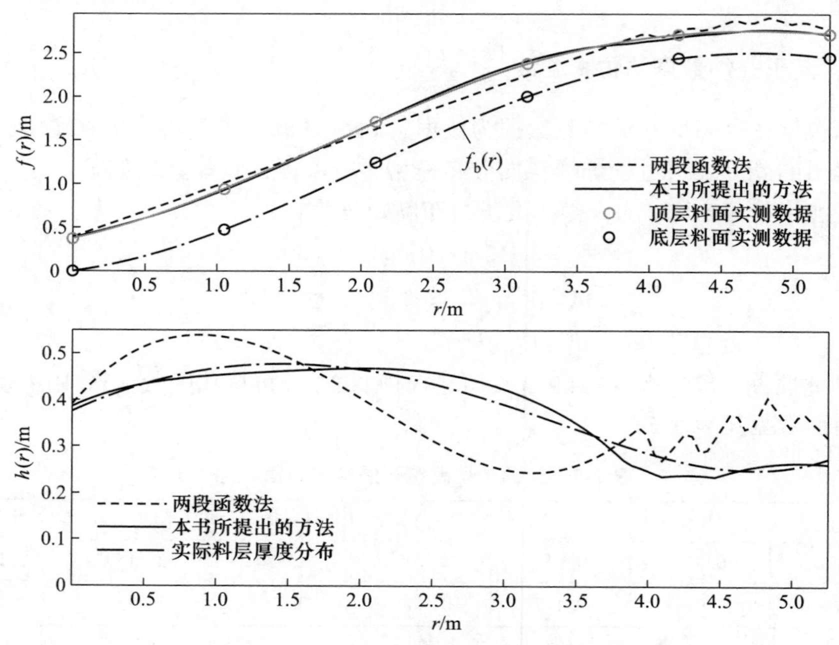

图 3-10　高炉实际料面分布与模型计算料面分布的对比图

最后，利用 Matlab 绘制实际炉料分布与基于模型计算的对比图，如图 3-11 所示，从实际料面分布与两种不同模型计算料面分布的对比图，以及实际料层厚度分布与模型计算厚度分布的对比图，可以看出本书所提方法的计算结果更接近实际炉料的分布。为进一步说明该方法的有效性，用 Matlab 工具中的 ksdensity 命令计算两种误差分布的概率密度函数 $f(e)$，如图 3-11 所示，本书所提出方法的误差概率密度更尖更密集于 0，可见本书所提出的方法拟合实际分布的效果更佳。

常规建模误差是一个标量，很容易对比，而分布特性的误差却是一个受积分约束的函数，为了便于对比，定义基于体积和误差分布熵的评价指标如下：

$$E_v=\frac{\int_0^R 2\pi r\sqrt{[f(r, \boldsymbol{u})-f^{\text{act}}(r)]^2}\,\mathrm{d}r}{V_t}$$

$$H_E = -\int_{-\infty}^{\infty} f(e)\lg(f(e))\,\mathrm{d}e$$

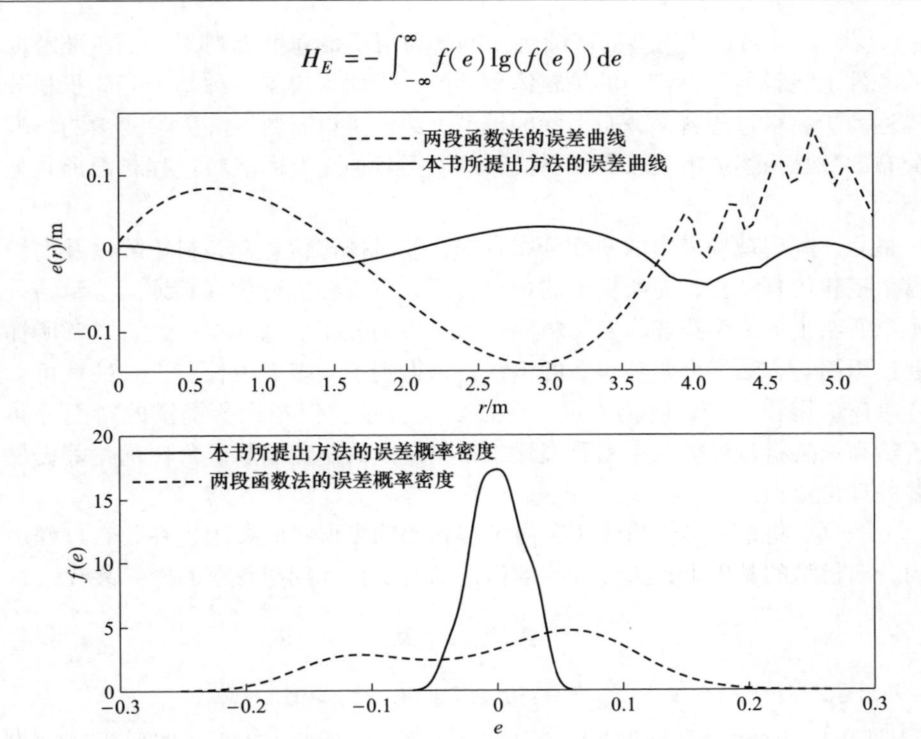

图 3-11 两种模型计算误差及误差概率对比

从仿真实验对比图 3-10、图 3-11 和相应的统计指标表 3-6 看，本书所提出的模型可以用来计算高炉装料过程与相关操作变量布料矩阵 $\boldsymbol{u}$ 相关的炉喉料面分布形状 $f(r,\ \boldsymbol{u})$。

表 3-6 基于模型计算的炉料分布计算误差评价指标

指 标	E_v	H_E
两段函数法	23.24%	2.8447
本书方法	5.25%	1.7784

3.6 小 结

针对高炉装料过程炉喉料面分布参数特征的形成因素，以及基于高炉专家经验制度高炉布料制度给高炉稳定顺行带来的盲目性，本章从控制的角度出发分析了高炉装料过程操作变量布料矩阵料对炉喉料面形状、料层厚度分布的影响，构建了以布料矩阵为可调变量的炉喉料面分布模型。在刘云彩布料流轨迹模型、

Nag 顶层料面分布描述模型的基础上，本章利用质量守恒规则分析了在堆密度相同的条件下装料前后料箱中的炉料体积不变，进而提出了一种基于等体积积分原则描述高炉装料过程料面分布形状的模型，给出了以布料矩阵为参变量的炉喉料面分布的数学描述，将刘云彩布料流轨迹模型延伸至空间装料过程料面形状分布模型。

最后，利用现场采集的料面分布数据、装料操作信息、布料矩阵以及高炉本体参数搭建仿真实验，对所提出的炉喉料面分布模型进行仿真验证。实验结果表明本章所给出的模型描述与实际料面分布获得的分布信息基本一致。本章所提出的建模思路与方法在柳州和包头的钢铁公司得到了大多数炉长和工长的认可，虽然在具体应用和推广之前仍需进一步的实验验证，但本章所提供的料面分布模型，给高炉装料过程炉喉布料可视化、布料制度的制定以及矿焦比优化等提供了必要的理论依据。

下一章，将针对高炉冶炼工艺对炉喉料面输出形状的要求，在装料过程炉喉料面分布模型的基础上，重点介绍如何给出满足目标期望要求的操作参数。

参考文献

[1] 刘云彩. 高炉布料规律 [M]. 北京：冶金工业出版社，2012.

[2] Hattori M, Iino B, Shimomura A, et al. Development of top burden distribution in a large blast furnace and simulation model for bell-less its application [J]. ISIJ International, 1993, 33 (10): 1070-1077.

[3] Zankl D, Schuster S, Feger R, et al. A large radar sensor array system for blast furnace burden surface imaging [J]. IEEE Sensors Journal, 2015, 15 (10): 5893-5909.

[4] Ren T, Jin X, Ben H, et al. Burden distribution for bell-less top with two parallel hoppers [J]. Journal of Iron and Steel Research, International, 2006, 13 (2): 14-17.

[5] Xu J, Wu S, Kou M, et al. Circumferential burden distribution behaviors at bell-less top blast furnace with parallel type hoppers [J]. Applied Mathematical Modelling, 2011, 35 (3): 1439-1455.

[6] Shi L, Zhao G, Li M, et al. A model for burden distribution and gas flow distribution of bell-less top blast furnace with parallel hoppers [J]. Applied Mathematical Modelling, 2016, 40 (23): 10254-10273.

[7] Mitra T, Saxén H. Model for fast evaluation of charging programs in the blast furnace [J]. Metallurgical and Materials Transactions B, 2014, 45 (6): 2382-2394.

[8] Mio H, Komatsuki S, Akashi M, et al. Effect of chute angle on charging behavior of sintered ore particles at bell-less type charging system of blast furnace by discrete element method [J]. ISIJ Internatianal, 2009, 49 (4): 479-486.

[9] Nag S, Gupta A, Paul S, et al. Prediction of heap shape in blast furnace burden distribution [J]. ISIJ International, 2014, 54 (7): 1517-1520.

[10] Fu D, Chen Y, Zhou Q. Mathematical modeling of blast furnace burden distribution with non-uniform descending speed [J]. Applied Mathematical Modelling, 2015, 39 (23): 7554-7567.

[11] 杨天钧，段国锦，周渝生，等．高炉无料钟布料炉料分布预测模型的开发研究［J］．钢铁，1991（11）：10-14，28.

[12] 吴敏，许永华，曹卫华．无料钟高炉布料模型设计与应用［J］．系统仿真学报，2007（21）：5051-5054，5097.

[13] 马富涛．高炉偏析布料料面的数值模拟［J］．钢铁，2013，48（8）：19-23.

[14] 张勇，周平，王宏，等．一种高炉布料过程料面输出形状的建模方法：ZL201510586609.6［P］．2018-08-07.

[15] Zhang Y, Zhou P, Cui G. Multi-model based PSO method for burden distribution matrix optimization with expected burden distribution output behaviors [J]. IEEE/CAA Journal of Automatica Sinica, 2019, 6 (6): 1478-1484.

4 基于智能计算方法的炉喉料面输出形状的操作参数优化

4.1 引　　言

自然界经历数万年的进化，形成当下地球上数亿种生物。它们形态各异，种类纷繁，构成复杂多样的生命奇观。达尔文在《物种起源》一书中，给出了自然界的进化规律，在书中提出了“物竞天择”“适者生存”“遗传变异”等观点，并用大量资料证明了形形色色的生物是在遗传、变异、生存斗争中和自然选择中，由简单到复杂、由低等到高等，不断发展变化的。信息技术领域的学者们在自然界生物进化规律的基础上，发现了生命奇观进化现象背后隐藏的信息处理机制。学者们通过对自然界信息处理机制的研究，根据对其进化原理模拟、仿真、设计求解问题，提出了智能计算概念[1]。

智能计算（Intelligent Computation，IC）是一种经验化的计算机思考性程序，是人工智能化体系的一个分支，经过学者、教授和软件工程师多年的研究与开发，现在已经形成了包括遗传算法、模拟退火算法、禁忌搜索算法、进化算法、启发式算法、蚁群优化算法、人工鱼群算法、粒子群优化算法、混合智能算法、免疫算法、DNA 计算、量子计算等智能计算理论与方法体系，借助 Matlab、Python、R 语言等编程工具为各行业、各场景提供处理各式工程问题求解的算法方案，在多领域工程实践中得到较好的应用。

针对高炉冶炼过程中的布料矩阵制度的制定问题，在第 3 章高炉装料过程炉喉布料模型的基础上，本章将综合运用数学、智能计算、编程和可视化等技术，研究期望料面输出形状的设定问题，以及求解满足期望目标分布的高炉装料过程操作参数布料矩阵的优化计算问题。粒子群优化方法（Particle Swarm Optimization，PSO）和遗传算法（Genetic Algorithm，GA）是智能算法的典型代表，也是工程应用中常用的方法。本章运用 PSO 和 GA 研究高炉装料过程中期望料面分布形状的操作参数优化求解问题。

4.2 高炉装料过程操作参数优化分析

现行的高炉装料过程，执行炉喉布料操作的装置是布料器。炉料在从料箱装入炉喉时经由布料器的旋转溜槽，布料器通过执行提前预设的布料矩阵调节旋转溜槽的倾角和旋转圈数，使得一定体积的炉料在炉喉处形成相应的空间分布形态。如图 4-1 所示，布料器在底层料面分布 $f_b(r)$ 的基础上执行多环布料操作时，从布料矩阵中选择相应的溜槽倾角 α_i 和旋转圈数 c_i，在执行最后一环(m 环)后形成一定的顶层料面分布 $f(r, \boldsymbol{u})$ 和料层厚度分布 $h(r, \boldsymbol{u})$。其中，布料矩阵 $\boldsymbol{u}$ 与料面分布、料层厚度分布的模型关系在第 3 章已经给出相应的描述。

第 3 章的布料分布模型解决了操作参数布料矩阵 $\boldsymbol{u}$ 给定条件下炉喉料面形状的可视化问题，然而高炉现场实际操作中存在的问题是如何优化布料、如何精准布料、如何自动布料，故结合高炉冶炼工艺给出期望料面分布形状的描述以及求解期望分布下合适的操作参数，仍是一个亟须解决的问题。

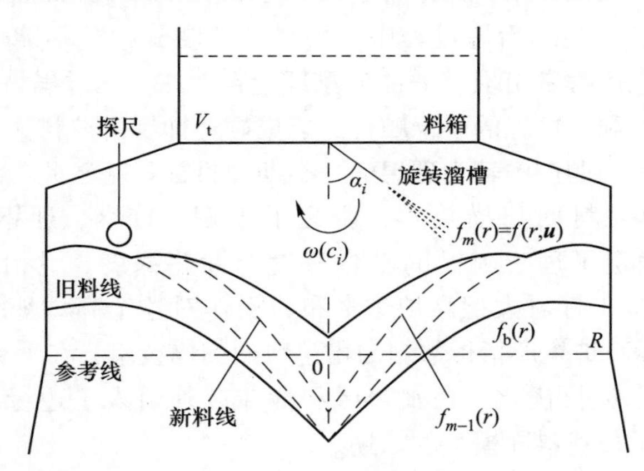

图 4-1 高炉装料过程炉喉布料操作

4.2.1 高炉冶炼过程期望料面分布的形状及其描述

合理的高炉料面不仅能保障炉内良好的上升煤气流分布，而且也能促进高炉稳定顺行，提高煤气利用率，实现节能减排。随着高炉大型化和智能化的发展，研究适用于大型高炉冶炼过程稳定顺行的合理料面分布形状一直是高炉冶金专家、高炉操作人员、智能计算科学以及跨学科领域学者研究的热点课题[2-7]。

高炉冶金专家根据多年来积累的操作经验，总结了适用于稳定顺行的炉喉期望料面形态[2]，如图 4-2（a）所示。其中，图 4-2（a）所示的形态为早期针对 1000 m^3 以下小高炉所采用炉顶大钟布料所形成的期望料面，这类料面形态分布不利于煤气流发展，煤气利用率偏低，如今随着高炉大型化的发展和多环布料技术的出现已被淘汰。为了更好的发展炉内中心与边缘煤气流、提高煤气利用率，高炉专家结合无钟炉顶布料设备的特点，以及高炉操作参数与生产指标等数据，总结出图 4-2（b）所示的平台 V 型料面为适合多环布料器的期望料面形状。为了更好发展中心煤气流，保障炉况稳定顺行，操作人员会采用中心加焦的方式，形成图 4-2（c）所示的期望料面形状。

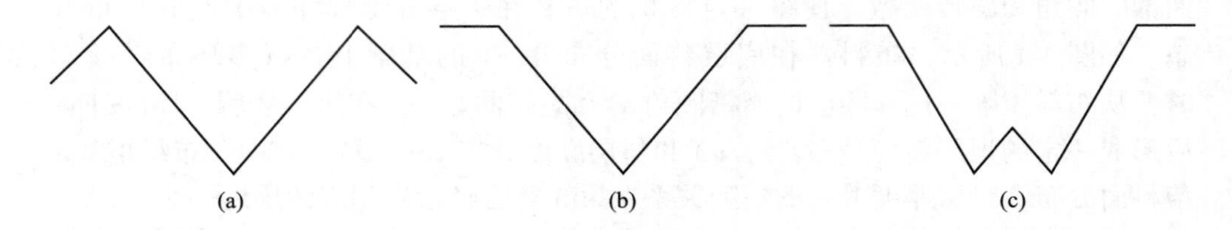

图 4-2　三种不同的炉喉料面期望分布形态
（a）大钟型；（b）平台 V 型；（c）中心加焦型

高炉现场专家在执行布料操作时不仅要考虑冶炼效率，而且更需关注炉况运行的安全与平稳。在实际冶炼过程中，炉料颗粒度分布并不能保持一致的均匀性，炉料偏析现象也时常出现。平台 V 型期望料面在实操过程易于实现矿焦比的负荷分布调控，有利于炉况的平稳顺行，能更好地抑制由炉料大小粒度分布不均引起的偏析，是现场调控中较为理想的一类期望目标。基于此，北京科技大学程树森团队借助激光料面扫描技术，研究了宣钢、首钢、迁钢等高炉布料规律[3-4]，进一步确定了理想料面的平台宽度与漏斗深度。尹怡欣团队的关心、张海刚与李艳姣博士针对大型高炉炉喉布料操作对整个高炉炉况顺行状态的影响[5-7]，结合实际高炉生产指标数据与雷达料面扫描技术，在平台 V 型料面基础上对期望料面形态进行优化，在平台区和漏斗区外引入了边缘区，如图 4-3 所示，改进并完善了最优料面模型的描述。

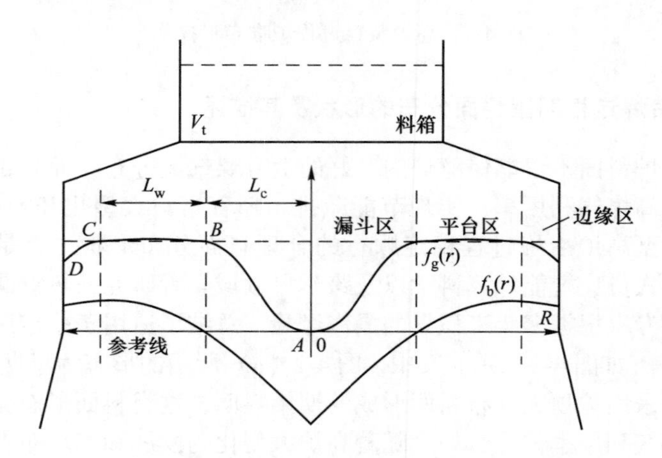

图 4-3　大型高炉期望顶层料面分布形状

以炉喉底部为水平参考线，以炉喉中心为 0 轴，本节以径向函数 $f_g(r)$ 描述图 4-3 上期望料面形状，其中 r 表示水平方向上料面上的点到炉喉中心的距离。描述期望料面形状的径向函数 $f_g(r)$ 是一个分段函数，在实际中由 A、B、C、D 点拟合而得，其中 AB 段为曲线、BC 段为直线、CD 段又为直线的函数，根据滕召杰、关心、张海刚以及李艳姣博士针对实际高炉运行数据的分析[3-8]，得知 BC 段为半径 1/3 时，漏斗深度为 1.5~2 m 时（即 $h_b - h_a$ 的值），向矿焦比分布、煤气流分布以及煤气利用率效果最佳。定义 A 点坐标（r_a，h_a），B 点坐标(r_b，h_b)，C 点坐标(r_c，h_c)，D 点坐标(r_d，h_d)，则描述期望料面形状的径向函数 $f_g(r)$ 可以写为：

$$f_g(r) = \begin{cases} a_c \cos \dfrac{r\pi}{L_c} + a_c + h_x & (0 \leqslant r \leqslant L_c) \\ 2a_c + h_x & (L_c < r \leqslant L_c + L_w) \\ 2a_c + h_x - a_e(r - L_c - L_w)^2 & (L_c + L_w < r \leqslant R) \end{cases} \tag{4-1}$$

$$V_t = \int_0^R 2\pi r[f_g(r) - f_b(r)]\mathrm{d}r \tag{4-2}$$

式中，a_c 和 a_e 为定常参数；L_c 和 L_w 为冶金操作过程整体炉况运行优化时平台区和漏斗区的参数，可根据高炉运行数据利用李艳姣博士基于数据驱动的优化方法获得[8]，于是确定期望料面分布函数的问题就转变成在式（4-2）下如何确定参数 h_x 的问题。

4.2.2 操作变量中存在的连续与离散优化并存问题

高炉炉喉期望料面分布形状的操作优化，可以描述为从可行的布料操作集 $\boldsymbol{u}$：$\{\boldsymbol{\alpha} \in \mathbf{R},\ \boldsymbol{c} \in \mathbf{N}\}$ 中寻找最佳操作变量 $\boldsymbol{u}|_{\mathrm{best}}^{k}$，以使布料模型的输出料面形状 $f(r, \boldsymbol{u}|_{\mathrm{best}}^{k})$ 无限趋近于设定目标 $f_g(r)$ 的问题，如图 4-4 所示，优化操作变量中的 k 表示第 k 次优化计算。在上述框架中，优化算法有很多种，其不同点在于如何根据优化目标制定相应的评价准则，从可选操作集中选择最佳操作变量，以使评价准则最小（最大）。

在现有的优化理论与方法中，针对离散型操作变量的优化有整数规划方法，针对连续型操作变量有线性规划、非线性规划、非凸优化以及智能优化等优化算法[9]。然而，表 4-1 高炉冶炼过程中操作参数布料矩阵 $\boldsymbol{u}$ 并存两种类型的优化参数，其中溜槽倾角向量是一个连续变量，而相应倾角下旋转圈数序列却是一类离散变量，除此之外，旋转圈数向量 $\boldsymbol{c}$ 又需要满足总圈数的约束：

$$c_t = \sum_{j=1}^{m} c_j \tag{4-3}$$

式中，m 表示布料环数。

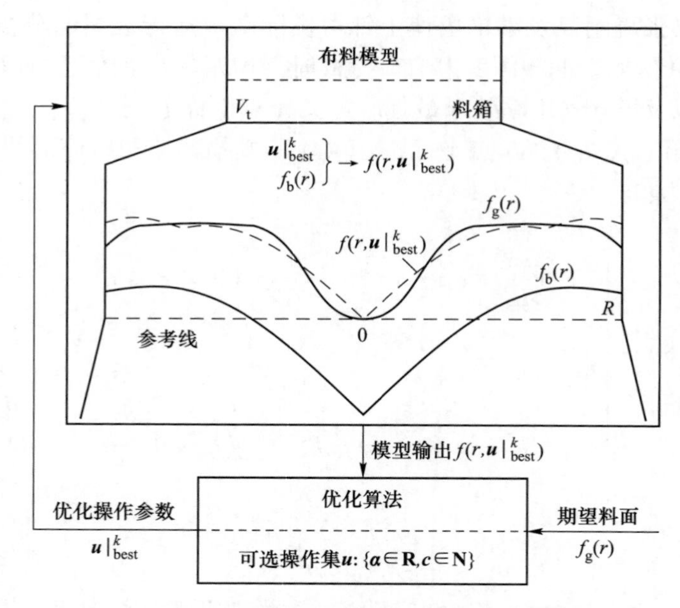

图 4-4　顶层期望料面分布的操作优化

表 4-1　高炉布料矩阵

钢　厂	α_1/c_1	α_2/c_2	α_3/c_3	α_4/c_4	α_5/c_5	α_6/c_6	总圈数（c_t）
包钢	42. 5/2	40/3	37. 5/2	34. 5/2	31. 5/2	13. 5/2	13
柳钢	37/3	34/2	32/2	28/2	21/1		10

连续的溜槽倾角序列 $\boldsymbol{\alpha} \in \mathbf{R}^m$、离散的旋转圈数序列 $\boldsymbol{c} \in \mathbf{N}^m$ 以及总圈数的约束条件式（4-3），导致高炉期望料面分布下的操作参数布料矩阵的优化是一个混杂优化问题。

在现场实际操作过程中，溜槽旋转圈数序列 $\boldsymbol{c}$ 往往为［3，2，2，2，1］或者［2，2，2，2，2］等相对确定的参数序列。由此，本章将以 $\boldsymbol{c}$ 为确定量重点讨论给定期望的料面分布形态下连续变量溜槽倾角序列 $\boldsymbol{\alpha}$ 的参数优化问题，而如何根据期望的料面分布形态计算出离散约束序列 $\boldsymbol{c}$ 以及最优的布料矩阵 $\boldsymbol{u}$ 将在后面章节中介绍。

4.3　基于智能计算的高炉装料过程操作优化

在求解实际的优化问题时需要将实际问题抽象成数学描述，其中选择优化变量、确定目标函数、给出约束条件是构建优化数学模型的基本要素，然后简化已经构建的优化数学模型并采用适当的优化方法求解数学问题。高炉装料时炉料从料箱流经旋转溜槽落到炉喉旧料线上形成新的炉喉料面分布形状，如图 4-1 所示。对于高炉装料过程炉喉期望料面分布形状下的操作参数优化问题，在确定的旋转圈数序列 $\boldsymbol{c}$ 下，对由有序对序列所组成的布料矩阵 $\boldsymbol{u}$ 的优化难题，可以简化成如何优化计算不同环位下的以溜槽倾角序列 $\boldsymbol{\alpha}$ 的问题。

定义在选定旋转圈数序列 $\boldsymbol{c}$ 下的目标函数为：

$$J(\boldsymbol{\alpha} \mid \boldsymbol{c}) = \int_0^R [f(r, \boldsymbol{\alpha} \mid \boldsymbol{c}) - f_{\mathrm{g}}(r)]^2 \mathrm{d}r \tag{4-4}$$

受高炉装料与布料操作工艺影响，期望料面分布形状操作优化的约束条件为：

$$\boldsymbol{\alpha} = [\alpha_1, \cdots, \alpha_m]^{\mathrm{T}} \in \mathbf{R}^{m \times 1}, \ \alpha_i \in [\alpha_{\min}, \alpha_{\max}] \tag{4-5}$$

$$V_{\mathrm{t}} = \int_0^R 2\pi r [f(r, \boldsymbol{\alpha} \mid \boldsymbol{c}) - f_{\mathrm{b}}(r)] \mathrm{d}r \tag{4-6}$$

$$\alpha_{\min} \leqslant \alpha_1 < \alpha_2 < \cdots < \alpha_m \leqslant \alpha_{\max} \tag{4-7}$$

根据上述高炉装料过程期望料面分布形状的优化数学模型，本节将用智能计算中的粒子群优化方法和遗传算法求解，选定旋转圈数序列 $\boldsymbol{c}$ 下使目标函数 $J(\boldsymbol{\alpha} \mid \boldsymbol{c})$ 最小的操作变量 $\boldsymbol{\alpha}_{\mathrm{best}}$。

4.3.1 基于粒子群优化算法的高炉装料过程的操作优化

粒子群优化算法是一种群体智能优化算法，是模仿鸟群在空中觅食行为的一种随机搜索算法，因具有理论简单、设置参数少，收敛速度快、适应性强、易实现等优点，自 1995 年由 Kennedy 和 Eberhart 提出后便得到广大学者的关注[10-14]。

鸟群在飞行过程中进行觅食时虽不知道食物的具体位置，但知道食物所在的大体方向和大概的距离，鸟群在飞行中根据个体和群体的动态位置变化搜索食物，群体之间通过信息交流判断出自己的位置并把自己的位置信息传递给整个鸟群，整个鸟群通过协同合作找到食物所在的周围区域，并最终获得食物。粒子群算法把每一只鸟看成一个拥有位置和速度的粒子，粒子根据个体搜索到距离食物最近的位置和整个群体迄今为止找到的最近的位置改变自己的飞行方向，最后引导整个种群向同一个地方聚集，而这个地方就是距离食物最近的区域。

针对 m 维解空间中的优化操作变量 $\boldsymbol{\alpha}$，假定种群规模 N，以 $\boldsymbol{\alpha}_i = [\alpha_{i1}, \cdots, \alpha_{im}]^{\mathrm{T}}$ 表示第 i 个粒子的位置，粒子通过不断地追寻个体最优和群体最优位置来实现解空间中最优位置的搜寻。寻优过程粒子速度和位置的更新可描述为：

$$\boldsymbol{v}_i^{(k+1)} = w\boldsymbol{v}_i^{(k)} + c_1 r_1 (\boldsymbol{\alpha}_i^{l\mathrm{best}} - \boldsymbol{\alpha}_i^{(k)}) + c_2 r_2 (\boldsymbol{\alpha}^{g\mathrm{best}} - \boldsymbol{\alpha}_i^{(k)}) \tag{4-8}$$

$$\boldsymbol{\alpha}_i^{(k+1)} = \boldsymbol{\alpha}_i^{(k)} + \boldsymbol{v}_i^{(k)} \tag{4-9}$$

式中，w 表示惯性权重；$\boldsymbol{v}_i^{(k)}$ 表示第 i 个粒子的当前飞行速度，$i=1, 2, \cdots, N$；k 为当前迭代更新次数；c_1 和 c_2 表示学习因子表征自我认知系数与社会认知系数，也称加速常数，一般在1.4～2.0取值；r_1 和 r_2 表示取值在[0，1]间的随机数；$\boldsymbol{\alpha}_i^{lbest}$ 表示个体粒子经由 k 次迭代更新搜索到的最优位置；$\boldsymbol{\alpha}^{gbest}$ 表示整个种群在 k 次迭代更新搜索到的全局最优位置。

在 PSO 中，为了防止速度 $\boldsymbol{v}_i^{(k)}$ 在更新过程中变得太大或太小，导致粒子的位置 $\boldsymbol{\alpha}_i$ 超出了目标搜索空间的范围，需要对速度向量设置一定的约束条件 $\boldsymbol{v}_{max}$；为防止粒子群优化陷入无限寻优过程，为优化指标函数 $J(\boldsymbol{\alpha} \mid \boldsymbol{c})$ 设定一个溢出阈值 ε，一个无穷小的正数。

基于 PSO 高炉装料过程 $\boldsymbol{\alpha}$ 的操作优化算法流程如下：

（1）初始化，给出参数 w、学习因子 c_1 和 c_2、r_1 和 r_2 的具体值，评价指标式（4-4）溢出值 ε 值，确定种群规模 N、最大迭代更新次数 k_{max}，并在 $k=1$ 时给出随机初始化每个粒子的速度和位置、当前时刻个体最优 $\boldsymbol{\alpha}_i^{lbest}$ 和群体最优 $\boldsymbol{\alpha}^{gbest}$，以及最大速度 $\boldsymbol{v}_{max}$ 和位置的边界条件式（4-5）。

（2）根据评价指标式（4-4）对粒子适应度进行评价。

（3）利用式（4-8）和式（4-9）更新每一个粒子的速度和位置。

（4）根据评价指标计算粒子当前个体最优位置 $\boldsymbol{\alpha}_i^{lbest}$ 和群体最优位置 $\boldsymbol{\alpha}^{gbest}$。

（5）查验终止条件，如果满足，则结束寻优，将群体最优位置 $\boldsymbol{\alpha}^{gbest}$ 作为寻优结果输出；否则，更新迭代步数 $k:=k+1$，并跳转至步骤（2）。

4.3.2　基于遗传算法的高炉装料过程的操作优化

遗传算法是受生物进化思想启发而发展出的一种全局优化算法，最早由密歇根大学 John Holland 教授的学生 John D. Bagley，在 1967 年博士论文中针对跳棋游戏参数研究时提出[15]，至 1975 年 John Holland 教授出版了《Adaptation in Natural and Artificial Systems》一书，第一次系统性地论述遗产算法的概念、理论与方法，标志着遗传算法的诞生[15-18]。

生物从其亲代继承特性或性状的生命现象称为遗传（Herdity），因为遗传的作用自然界中的物种得以延续，种瓜得瓜，种豆得豆，老鼠的儿子会打洞。染色体作为遗传物质的载体，是多个基因的集合，其内部不同基因的组合决定了个体外在的不同情况。基因（Gene）又称遗传因子，是产生一条多肽链脱氧核糖核酸（Deoxyribonucleic Acid，DNA）或功能核糖核酸（Ribonucleic Acid，RNA）的全部核苷酸序列。基因作为控制生物性状的基本遗传单位，在 DNA 或者 RNA 长链结构中占有一定的位置，储存着生命的种族、血型、孕育、生长、凋亡等过程的全部信息。生物在延续生命的生存过程中，受生存环境约束，优胜劣汰，适者生存，经历一代又一代染色体的交叉和变异的繁衍过程，物种逐渐向适应生存环境的方向进化，从而进化出优良的物种。生物进化是以群体的形式进行，构成群体的单个生物称为个体。每个个体对其生存环境都有不同的适应能力，这种适应能力称为个体适应度。

遗传算法是由生物遗传和进化机理衍生出的一种智能优化方法，通过编码构建种群、个体、基因、染色体等概念，根据评价指标函数式（4-4）计算种群中个体的适应度，并选择适应度高的个体，借助遗传学中的交叉和变异操作产生新一代种群，继而再次根据适应度选择最优个体，再更新一代新种群。通过遗传操作，种群一代又一代地进化，个体适应度越来越高，最后一代个体经过解码得到适应于评价指标的近似最优解。

以二进制元素 0 和 1 表征基因，以二进制串对应遗传学中的染色体χ，假定染色体长度为 l，则χ 可表达为：

$$\chi = b_l b_{l-1} \cdots b_1 \tag{4-10}$$

则染色体的最小值为：

$$0000\cdots0000 = \chi_{\min} = 0$$

染色体最大值为：

$$1111\cdots1111 = \chi_{\max} = 2^l - 1$$

用染色体的最小值与最大值表征溜槽倾角可允许的取值范围 $[\alpha_{\min}, \alpha_{\max}]$，其二进制编码的精度为：

$$\chi_\eta = \frac{\alpha_{\max} - \alpha_{\min}}{2^l - 1} \tag{4-11}$$

在选定的旋转圈数序列 $\boldsymbol{c}_j$ 下操作变量布料矩阵的优化问题便转变成求解使目标函数式（4-4）最小的溜槽倾角序列 $\boldsymbol{\alpha} \in \mathbf{R}^m$，个体在遗传算法中对应布料操作优化求解溜槽倾角序列过程中的一种可能解，可描述为：

$$\boldsymbol{X}_\alpha = (\chi_1, \chi_2, \cdots, \chi_m) = b_{ml} b_{ml-1} \cdots b_1 \tag{4-12}$$

显然，$\boldsymbol{X}_\alpha$ 是一个由 m 个染色体、ml 个基因位表征的个体。

在遗传算法寻优过程中设定种群规模为 M_α，当种群规模较小时，容易陷入局部收敛，而规模种群过大时，每一代的计算量会很大，一般来说其取值范围为 20~100。

由上节可知，最佳的操作变量 $\boldsymbol{\alpha}_{\text{best}}$ 的解使目标函数 $J(\boldsymbol{\alpha} \mid \boldsymbol{c})$ 最小，而在遗传算法中，选择个体适应度最大的个体为最优解，由此，需要根据目标函数式（4-4）构建个体 $\boldsymbol{X}_{\boldsymbol{\alpha}_i}$ 适应度函数：

$$F(\boldsymbol{X}_{\boldsymbol{\alpha}_i}) = \frac{1}{1 + J(\boldsymbol{X}_{\boldsymbol{\alpha}_i})} \quad (i = 1, 2, \cdots, M_\alpha) \tag{4-13}$$

$$J(\boldsymbol{X}_{\boldsymbol{\alpha}_i}) = J(\boldsymbol{X}_{\boldsymbol{\alpha}_i} \mid \boldsymbol{c}) = \int_0^R [f(r, \boldsymbol{X}_{\boldsymbol{\alpha}_i} \mid \boldsymbol{c}) - f_{\mathrm{g}}(r)]^2 \mathrm{d}r \tag{4-14}$$

由于目标函数 $J(\boldsymbol{X}_{\boldsymbol{\alpha}_i}) \geqslant 0$，故适应度函数的取值在（0，1］之间。

生物遗传在自然进化过程中，对生存环境适应度高的个体物种将有更多机会将自身基因遗传至下一代，用数学描述则可表达为个体物种被选中将遗传信息传递至下一代存在一定的选择概率 p_{xi}，而这个概率可由个体适应度与种群的适应度表征：

$$p_{xi} = \frac{F(\boldsymbol{X}_{\boldsymbol{\alpha}_i})}{\sum_{i=1}^{M_\alpha} F(\boldsymbol{X}_{\boldsymbol{\alpha}_i})} \quad (i = 1, 2, \cdots, M_\alpha) \tag{4-15}$$

遗传算法中的选择操作（或称为复制操作），是一种用数学的方法从已有的 M_α 个个体中，选择 M_α 个新个体以用做交叉和变异的操作。常见的新种群个体选择的方法有如下几种：

（1）基于排序的随机选择。对当前种群中个体适应度进行排序，随机增选在种群位序中的 N_α 个体（例如用 Matlab 指令 randperm(M_α，N_α) 生成从 1 到 M_α 的 N_α 个随机整数），淘汰位序居于后 $N_\alpha(N_\alpha < M_\alpha)$ 的个体。

（2）最优保存策略。找出当前种群中个体适应度最高的个体以及种群中个体适应度最低的个体，若当前个体适应度比之前的个体最佳适应度还高，则用当前最佳适应度作为新的迄今最佳适应度个体，并用迄今最佳个体替换当前种群中个体适应度最低的个体。

（3）随机联赛选择。从群体中随机选取两个个体进行适应度大小比较，优选适应度较高的个体，淘汰适应度低的个体，如此重复 M_α 次操作，则获得 M_α 个新个体。

（4）轮盘赌选择。将每个个体的选择概率进行累加，在累加过程中个体、个体适应度、个体选择概率以及累加概率构成一个基于累加概率为索引的矩阵集。由于所有个体选择概率的累加和为 1，在个体选择时，每一次产生一个［0，1］之间的均匀随机数作为选择指针，从累加概率索引对应的矩阵集中选择与之相对应的个体，个体选择概率值大的个体被选择的概率也大，如此重复 M_α 次操作，则获得 M_α 个新个体用于交叉和变异操作。

交叉运算是指两个结构相同的个体染色体相互配对，交换重组部分基因从而形成新的个体。交叉运算是遗传算法中从父代个体演化成新一代个体的关键环节。在运算中将群体中的 M_α 个个体随机分成［$M_\alpha/2$］组配对个体组，可以根据二进制编码位进单点交叉、两点交叉、多点交叉获得新生的个体，也可以对由浮点数编码的个体进行算数交叉。由于溜槽倾角 $\alpha_i \in \mathbf{R}$ 是一个实数域的连续值，可以是整数也可以是由浮点数表示的小数，因此可采用算数交叉的方法更新新的个体[15]，其数学描述为：

$$\begin{cases} \boldsymbol{X}_{\alpha_A}^{(k+1)} = c_\alpha \boldsymbol{X}_{\alpha_B}^{(k)} + (1 - c_\alpha)\boldsymbol{X}_{\alpha_A}^{(k)} \\ \boldsymbol{X}_{\alpha_B}^{(k+1)} = c_\alpha \boldsymbol{X}_{\alpha_A}^{(k)} + (1 - c_\alpha)\boldsymbol{X}_{\alpha_B}^{(k)} \end{cases} \tag{4-16}$$

式中，$\boldsymbol{X}_{\alpha_A}^{(k)}$ 和 $\boldsymbol{X}_{\alpha_B}^{(k)}$ 分别表示第 k 代配对个体组中的 A 个体与 B 个体；c_α 是一个算数交叉算子，可以是常数也可以是随机数，当 c_α 为常数时所进行的交叉运算为均匀算数交叉。

遗传中的变异是指个体染色体编码串中某些基因座上的基因值用其他等位基因值替换从而形成新的个体，选择和交叉操作基本上完成大部分遗传寻优的过程，而变异操作则增加了遗传算法中个体解空间中接近最优解的可能性，是遗传算法中的一个重要环节。在执行变异操作时按照给定的变异概率 P_m（一般取值于 0.0001~0.1）改变某个体某一位置上的基因值，对于二进制编码则是将变异位置上的基因取反，如式（4-10）中个体 $X = b_l b_{l-1} \cdots b_{l_k} \cdots b_1$ 位置 l_k 上的编码值。对于实数编码的变异操作可执行：

$$\boldsymbol{X}_\alpha^\dagger = \boldsymbol{X}_\alpha + 2(c_x - 0.5)\boldsymbol{X}_{\max} \tag{4-17}$$

式中，$c_x \in (0, 1)$ 为随机参数；$\boldsymbol{X}_\alpha$ 是变异前的参数；$\boldsymbol{X}_\alpha^\dagger$ 是变异后的参数；$\boldsymbol{X}_{\max}$ 是变异操作中取值的最大可能值。

基于 GA 高炉装料过程 $\boldsymbol{\alpha}$ 的操作优化算法流程如下：

(1) 初始化，给出待优化的参数 $\boldsymbol{\alpha}$、高炉装料过程顶层料面形状式（3-46），目标函数式（4-4）以及适应度函数式（4-13）的初始关系，给出个体编码方式、种群规模 M_α、变异概率 P_m 的具体数值、迭代进化次数代数 N_g 的数值，用随机函数生成第一代初始种群，随机生成 0~1 的算数交叉算子 c_α。

(2) 根据式（4-13）和式（4-15）计算当代种群中每一个个体适应度和个体选择概率。

(3) 利用式（4-16）对当代种群中的个体执行交叉运算操作，以变异概率 P_m 对种群中的某些个体用式（4-17）进行变异操作，生成新一代个体。

(4) 根据评价指标式（4-13）计算当前种群中个体最优解 $\boldsymbol{\alpha}_i^{\text{best}}$，与迄今为止最优解 $\boldsymbol{\alpha}^{\text{best}}$ 进行比较，如果当前种群最优解比迄今为止最优解还好，则更新迄今为止最优解 $\boldsymbol{\alpha}^{\text{best}}$。

(5) 查验终止条件，如果满足，则结束遗传进化寻优，将迄今为止最优解 $\boldsymbol{\alpha}^{\text{best}}$ 作为寻优结果输出，否则，更新进化迭代步数 $k:= k + 1$，并跳转至步骤 (2)。

4.4　基于智能计算的期望料面分布形状的参数优化

为了验证本章所提出的期望料面分布形态下操作参数优化方法的有效性，本节以包钢集团某高炉现场操作实际数据为依据构建仿真验证实验[19]。该高炉的炉喉半径 4.3 m，装料时矿石批重 60 t，由于一般矿石的堆密度大约为 2.0 t/m^3，故矿石批的体积 $V_t = 30\ m^3$。

由高炉现场操作获得的炉喉底层料面分布的测量离散采样一点数据见表 4-2，其中 r_i 表示距离炉喉中心的距离（m），$f(r_i)$ 表示距离参考料线的高度（m）。根据表 4-2 中的数据用 Matlab 中的 csapi 函数拟合得到底层料面分布 $f_b(r)$。

表 4-2　包钢炉喉底层料面分布离散采样点数据

$(r_0, f_b(r_0))$	$(r_1, f_b(r_1))$	$(r_2, f_b(r_2))$	$(r_3, f_b(r_3))$	$(r_4, f_b(r_4))$	$(r_5, f_b(r_5))$
(0, 0)	(0.86, 0.52)	(1.72, 1.05)	(2.58, 1.51)	(3.44, 1.64)	(4.3, 1.56)

4.4.1　期望料面分布形状的设定

为了给出该高炉运行时期望的顶层料面分布 $f_g(r)$，本节参考北京科技大学程树森、张海刚、滕召杰、关心、李艳姣等的文献[3-7]，并结合现场高炉专家的经验，给出仿真实验中半径为 $R = 4.3$ m 的高炉漏斗区和平台区的宽度参数 $L_c = 2.1$ m，$L_w = 1.4$ m。如前文所述，高炉布料在漏斗区深度为 1.5~2 m 时炉况运行状态、煤气流分布和煤气利用率效果最佳，由此，针对式（4-1）中描述期望顶层料面分布 $f_g(r)$ 的定常参数，本仿真实验选用参数值 $a_c = 0.75$、$a_e = 0.35$，利用式（4-1）可计算出该高炉炉况运行优化期望的顶层料面分布形状如下：

$$f_g(r) = \begin{cases} 0.75\cos(0.5\pi r) + 0.75 + h_x & (0 \leqslant r \leqslant 2.1) \\ 1.5 + h_x & (2.1 < r \leqslant 3.5) \\ 1.5 + h_x - 0.35(r - 3.5)^2 & (3.5 < r \leqslant R) \end{cases}$$

$$V_t = \int_0^R 2\pi r[f_g(r) - f_b(r)]\mathrm{d}r = 30\ \mathrm{m}^3$$

根据已拟合的 $f_b(r)$ 以及 V_t 的积分约束，通过计算可知 $h_x = 0.7366$。图 4-5 为描述顶层期望料面分布与底层料面分布形状的曲线，其中实线为底层料面分布拟合曲线 $f_b(r)$，虚线为期望的顶层料面分布曲线 $f_g(r)$。

4.4.2　基于 PSO 的操作参数优化

针对上述图 4-5 中所描述的底层料面分布 $f_b(r)$，以及所期望的顶层料面分布

目标$f_g(r)$，选定溜槽旋转圈数序列为$\boldsymbol{c}=[3, 2, 2, 2, 1]$，构建基于PSO优化方法的仿真实验，其中PSO优化算法的参数设定见表4-3。PSO初始计算时，待求参数溜槽倾角序列$\boldsymbol{\alpha}$为一个随机生成的序列，其具体变量$\boldsymbol{\alpha}_k|_{k=1}$见表4-4。

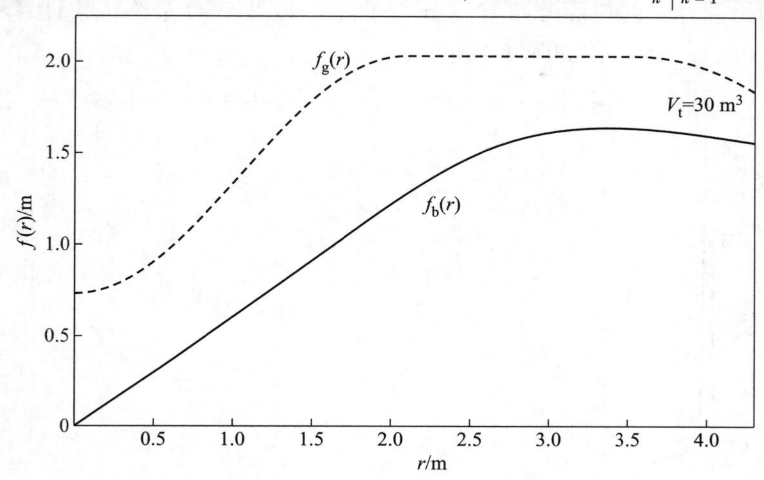

图4-5 顶层期望料面分布与底层料面分布形状设定

表4-3 PSO仿真实验中的参数设定

参 数	设定值
惯性权重	$w=1$
自我认知系数	$c_1=1.49445$
社会认知系数	$c_2=1.49445$
种群规模	$N=10$
最大迭代次数	$k_{max}=100$

表4-4 在选定$\boldsymbol{c}$条件下以期望料面分布$f_g(r)$为目标$\boldsymbol{\alpha}_k$随迭代步数k的PSO优化计算值

k	α_1	α_2	α_3	α_4	α_5	$J_k(\boldsymbol{\alpha}\|\boldsymbol{c})$
1	39.50000	37.23000	35.40000	33.00000	27.79000	6.20236
10	39.96185	36.41875	29.84170	28.01587	24.08733	1.91039
20	40.23373	34.73079	30.82160	27.79035	24.86323	1.39964
50	40.23373	34.73079	30.82160	27.79035	24.86323	1.39964
100	39.39465	34.87410	31.21314	27.91196	25.01308	1.33275

在设定的期望料面分布目标$f_g(r)$下，PSO优化计算溜槽倾角序列$\boldsymbol{\alpha}$在迭代步数k的计算结果也如表4-4所示。其中，表4-4中性能指标$J_k(\boldsymbol{\alpha}|\boldsymbol{c})$随迭代步数$k$的表达为：

$$J_k(\boldsymbol{\alpha} \mid \boldsymbol{c}) = \int_0^R [f(r, \boldsymbol{\alpha} \mid \boldsymbol{c}) \mid_k - f_g(r)]^2 \mathrm{d}r$$

性能指标 $J_k(\boldsymbol{\alpha} \mid \boldsymbol{c})$ 随迭代步数 k 的演化关系如图 4-6 所示。期望的目标分布 $f_g(r)$、初始计算时的料面分布 $f(r, \boldsymbol{\alpha} \mid \boldsymbol{c}) \mid_{k=1}$ 以及 PSO 最终优化计算料面分布 $f(r, \boldsymbol{\alpha} \mid \boldsymbol{c}) \mid_{k=k_{\max}}$ 的对比如图 4-7 所示。

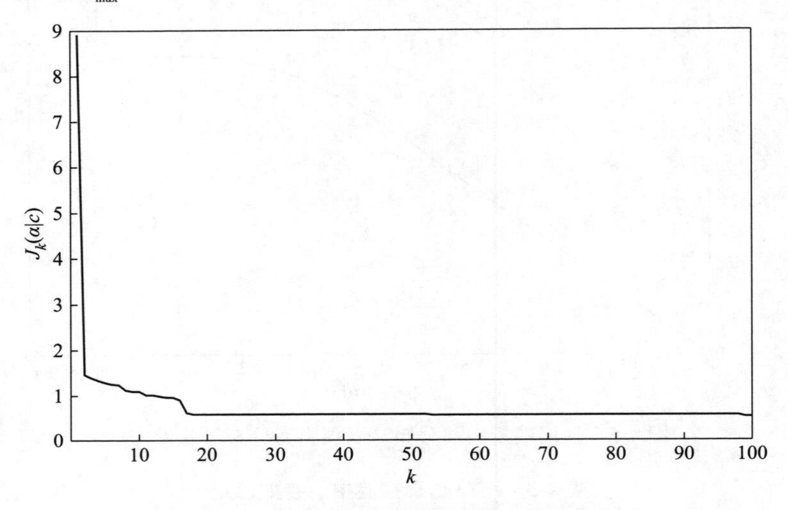

图 4-6　PSO 性能指标随迭代步数 k 的演化关系

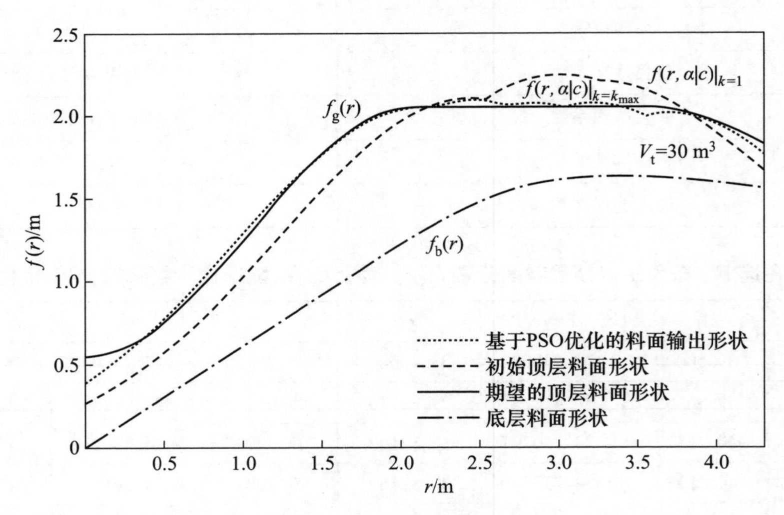

图 4-7　期望分布、初始分布以及 PSO 最终优化分布的对比

为了更好地展现基于 PSO 优化的料面分布可以实现对期望料面分布目标 $f_g(r)$ 跟踪和控制，图 4-8 给出了初始分布误差和 PSO 最终优化计算分布误差的对比，其中，初始误差分布和最终优化误差分布的表达如下：

$$e_{\text{int}}(r)=f(r,\ \boldsymbol{\alpha}\mid\boldsymbol{c})\mid_{k=1}-f_{\text{g}}(r)$$
$$e_{\text{final}}(r)=f(r,\ \boldsymbol{\alpha}\mid\boldsymbol{c})\mid_{k=k_{\max}}-f_{\text{g}}(r)$$

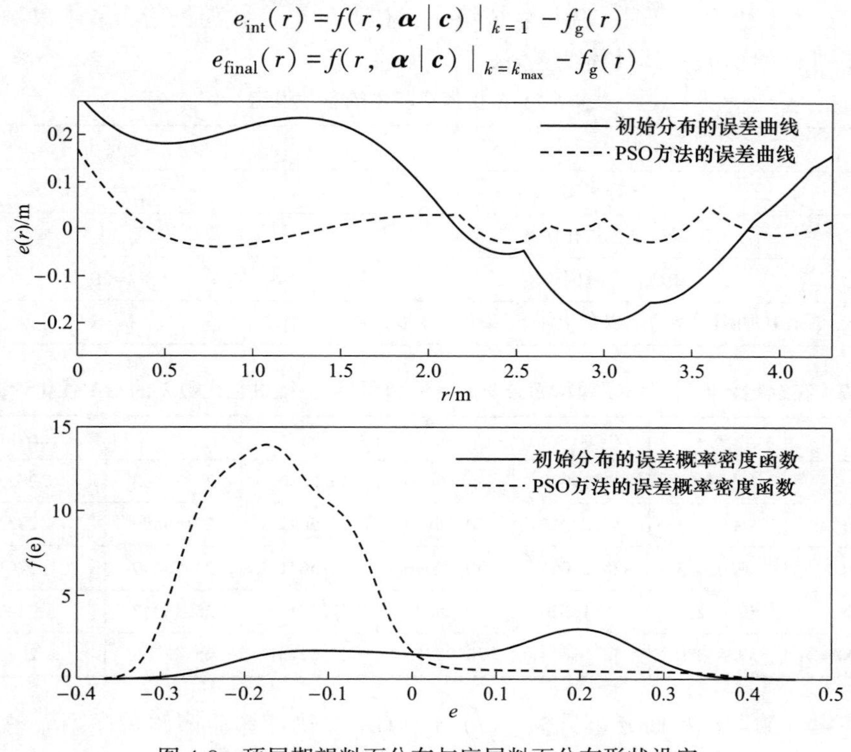

图 4-8 顶层期望料面分布与底层料面分布形状设定

为了进一步对比说明该方法的有效性，图 4-8 中误差分布的概率密度函数 $f(e)$ 可用 Matlab 工具中的 ksdensity 命令计算，误差概率密度越尖表示误差越密集于 0。

在设定的期望料面分布目标 $f_{\text{g}}(r)$ 下，结合选定的溜槽倾角序列 $\boldsymbol{c}$ 以及 PSO 优化的最终参数 $\boldsymbol{\alpha}_k\mid_{k=k_{\max}}$，可整理最终的布料矩阵如表 4-5 所示。

表 4-5 设定的期望料面分布目标 $f_{\text{g}}(r)$ 下 PSO 优化计算的高炉布料矩阵

α_1/c_1	α_2/c_2	α_3/c_3	α_4/c_4	α_5/c_5	总圈数(c_t)
39.39465/3	34.87410/2	31.21314/2	27.91196/2	25.01308/1	10

4.4.3 基于 GA 操作的参数优化

同样，针对上述底层料面分布 $f_{\text{b}}(r)$，以及所期望的顶层料面分布目标 $f_{\text{g}}(r)$，选定溜槽旋转圈数序列为 $\boldsymbol{c}=[3,\ 2,\ 2,\ 2,\ 1]$，构建基于 GA 的仿真实验，其中 GA 中参数设定见表 4-6，仿真实验中选择操作采用“轮盘赌选择法(rws)”，交叉操作采用“单点交叉法（xovsp)”，编译操作采用“二进制变异法

(mut)”。GA 初始计算时，随机生成第一代初始种群，并随机给出待求参数溜槽倾角序列 $\boldsymbol{\alpha}$ 的初值，其具体变量 $\boldsymbol{\alpha}_k|_{k=1}$ 见表 4-7。

表 4-6 GA 仿真实验中的参数设定

参 数	设定值
变异概率	$P_m=0.035$
最大迭代进化次数	$N_g=100$
染色体 χ 基因长度	$l=20$
溜槽倾角序列 $\boldsymbol{\alpha}$ 所表征的个体 $\boldsymbol{X}_\alpha$ 染色体个数	$m=5$

表 4-7 在选定 $\boldsymbol{c}$ 条件下以期望料面分布 $f_g(\boldsymbol{r})$ 为目标 $\boldsymbol{\alpha}_k$ 随进化代数 $\boldsymbol{k}$ 的 GA 优化计算值

k	α_1	α_2	α_3	α_4	α_5	$J_k(\boldsymbol{\alpha}\mid\boldsymbol{c})$
1	39.50000	37.23000	35.40000	33.00000	27.79000	6.20236
10	40.02663	35.22066	30.56839	27.56419	25.56889	1.29221
20	40.02663	35.22066	30.69046	27.56419	25.57499	1.27613
50	39.63238	35.16620	30.88673	27.55170	25.48347	1.22268
100	39.83380	35.06874	30.93455	27.52731	25.47278	1.20799

在设定的期望料面分布目标 $f_g(r)$ 下，GA 优化计算溜槽倾角序列 $\boldsymbol{\alpha}$ 在迭代步数 k 的计算结果见表 4-7，性能指标 $J_k(\boldsymbol{\alpha}\mid\boldsymbol{c})$ 随迭代步数 k 的演化关系如图 4-9 所示。

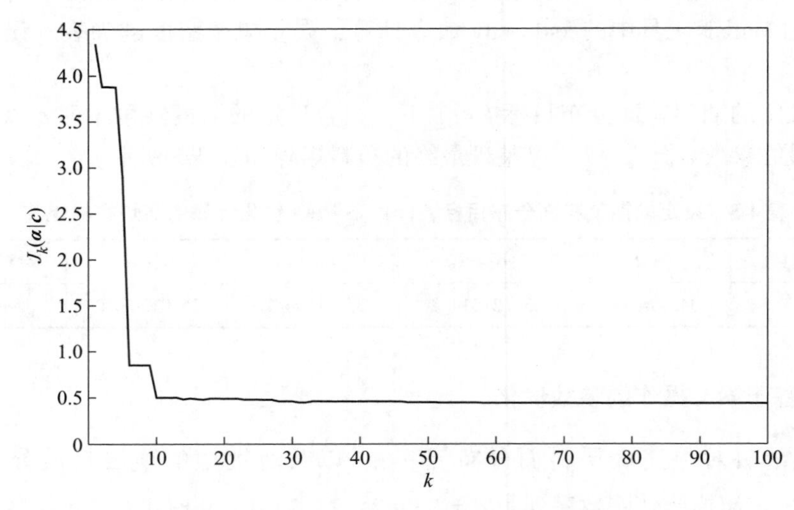

图 4-9 GA 性能指标随迭代步数 k 的演化关系

期望的目标分布 $f_g(r)$、初始计算时的料面分布 $f(r,\ \boldsymbol{\alpha}\mid\boldsymbol{c})|_{k=1}$ 以及 GA 最

终优化计算料面分布$f(r, \boldsymbol{\alpha} \mid \boldsymbol{c}) \mid k = k_{\max}$的对比如图 4-10 所示。图 4-11 给出了初始分布误差与 GA 最终优化计算分布误差的对比，以及相应误差概率密度函数分布的对比效果。图 4-12~图 4-14 分别给出了 PSO 和 GA 两种不同智能计算方法，在期望的顶层料面分布目标$f_g(r)$下，性能指标、顶层料面分布优化形状以及误差分布的对比效果。

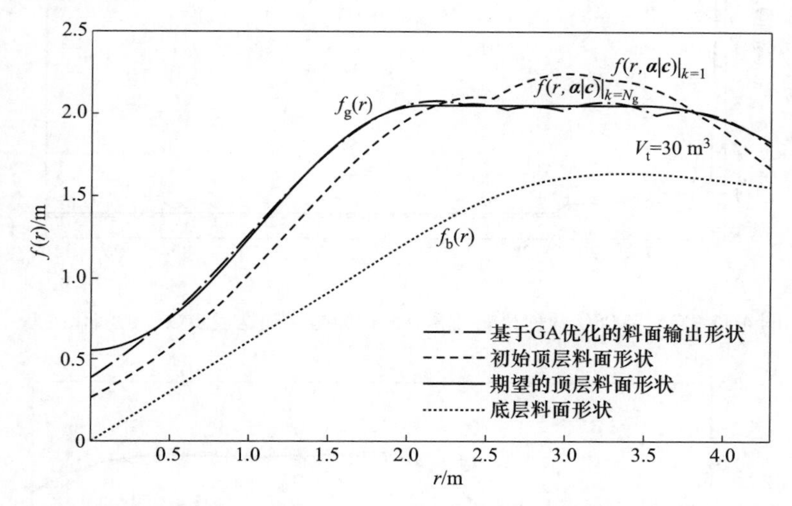

图 4-10 期望分布、初始分布以及 PSO 最终优化分布的对比

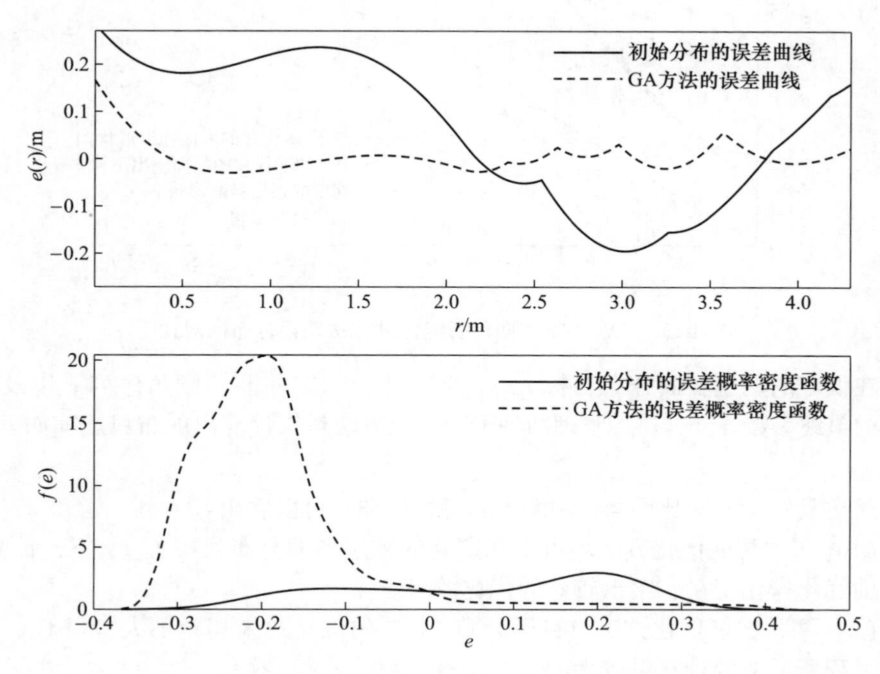

图 4-11 顶层期望料面分布与底层料面分布形状设定

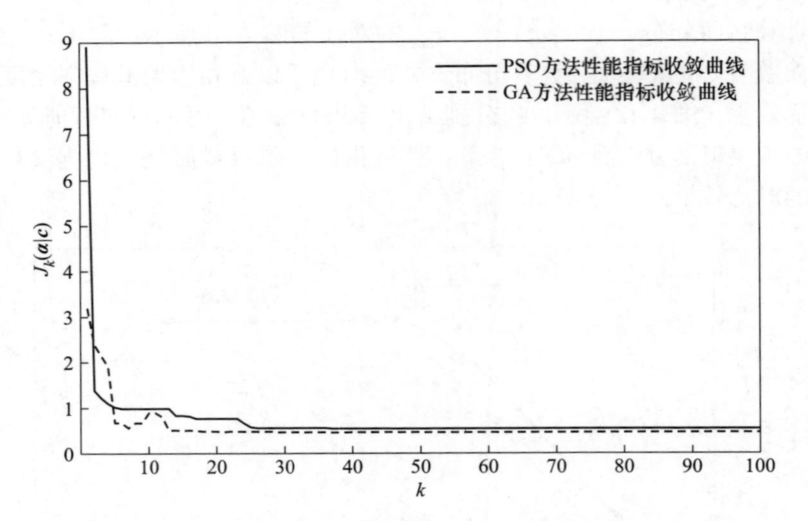

图 4-12　GA 与 PSO 两种智能计算方法性能指标随迭代步数 k 的演化关系

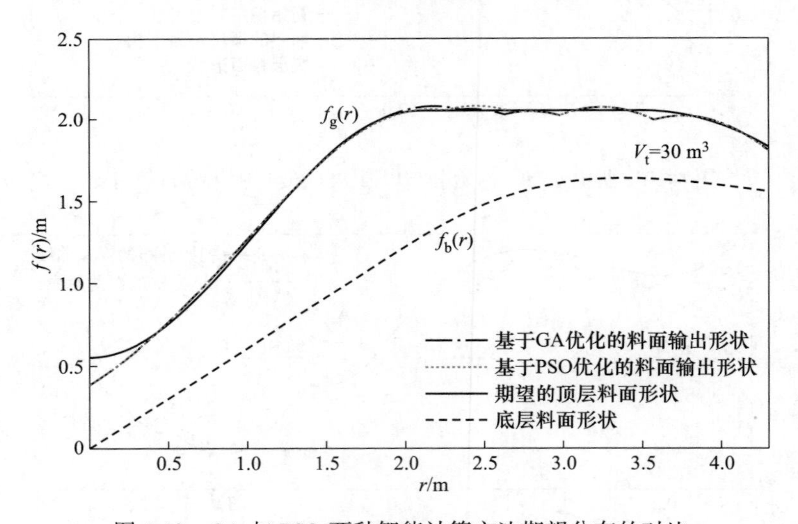

图 4-13　GA 与 PSO 两种智能计算方法期望分布的对比

在设定的期望料面分布目标 $f_g(r)$ 下，结合选定的溜槽倾角序列 $\boldsymbol{c}$ 以及 GA 优化的最终参数 $\boldsymbol{\alpha}_k \mid_{k=N_g}$，整理两种不同优化方法最终计算出的布料矩阵如表 4-8 所示。

从仿真实验的对比图 4-12～图 4-14 和表 4-8，可以看出：

（1）两种智能优化方法均可以在期望的顶层料面分布目标 $f_g(r)$ 下，计算出相应的优化操作变量，给出较好的优化效果。

（2）两种智能优化方法对目标分布 $f_g(r)$ 的优化效果相差不大，但 GA 方法优化过程所需要的计算量较大。

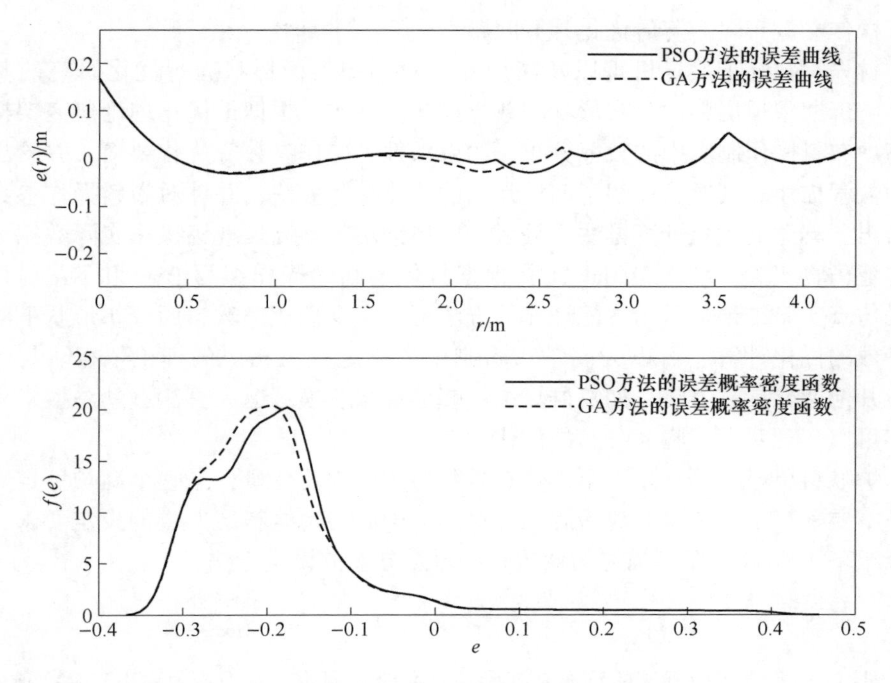

图 4-14　GA 与 PSO 两种智能计算方法期望分布的误差对比

（3）虽然仿真实验只用了 PSO 和 GA 两种智能计算方法，但其他智能计算方法如蒲公英算法[20]、蚁群算法、蜂群算法、模拟退火算法、禁忌搜索等算法也可以实现对期望料面分布的优化。

表 4-8　设定的期望料面分布目标 $f_g(r)$ 下优化计算的高炉布料矩阵

方法	α_1/c_1	α_2/c_2	α_3/c_3	α_4/c_4	α_5/c_5	$J_k(\boldsymbol{\alpha} \mid \boldsymbol{c})/t_{\text{Matlab}}$
PSO	39. 39465/3	34. 87410/2	31. 21314/2	27. 91196/2	25. 01308/1	1. 33275/ 3. 061494s
GA	39. 83380/3	35. 06874/2	30. 93455/2	27. 52731/2	25. 47278/1	1. 20799/ 6. 670579s

4.5 小　　结

布料矩阵是高炉装料制度中调节炉喉炉料分布的操作参数，现阶段由于缺少相应的理论支持，作为调节炉况运行状态的关键参数仍由经验丰富的专家根据高炉具体的运行情况制定。针对高炉装料过程布料操作制度中确定操作参数难的问题，本章在第 3 章炉喉布料空间分布模型的基础上，重点研究了期望料面分布形态下操作参数布料矩阵的优化计算问题。

首先，在高炉冶炼机理以及高炉专家对期望料面形状运行优化研究的基础上，给出期望顶层料面分布形状的数学描述。其次，根据最优化理论研究架构确定高炉布料操作制度中的目标分布、约束条件和操作参数等优化要素，并给出相应的数学描述。其次，介绍了两种常用的智能计算方法，并针对布料操作参数优化给出了具体的优化计算方法。最后，以包钢集团某高炉现场操作实际数据为依据构建仿真实验，利用 Matlab 工具根据具体的高炉操作编写 PSO 和 GA 优化算法，仿真实验结果显示用智能计算的方法可以实现期望炉喉料面分布形状下的操作参数的优化计算，可以为高炉布料制度的制定提供相应的理论依据。与此同时，其他智能计算方法，如蚁群算法、蜂群算法、模拟退火算法、禁忌搜索等算法亦可以实现对期望料面分布的优化。

炉喉料层厚度分布是一个由分布函数描述的被控变量，是整个高炉稳定顺行的基本要素。下一章将针对冶炼工艺对炉喉中心与边缘料层期望的设定要求，重点介绍基于 B 样条模型描述的期望料层厚度分布的设定方法。

参 考 文 献

[1] 宋崇智．基于智能算法的汽车悬架参数优化设计研究 [D]．南京：南京航空航天大学，2016.

[2] 刘云彩．高炉布料规律 [M]．北京：冶金工业出版社，2012.

[3] 滕召杰，郑艾军，郭喜斌，等．激光测试技术在宣钢 4 号高炉布料中的应用 [C] //中国金属学会，2012 年全国炼铁生产技术会议暨炼铁学术年会文集（下），2012：5.

[4] 滕召杰，程树森，赵国磊．并罐式无钟炉顶布料料面中心研究 [J]．钢铁研究学报，2014，26（6）：5-10.

[5] 关心．高炉料面形状检测与预测方法研究 [D]．北京：北京科技大学，2016.

[6] 张海刚．面向指标优化的高炉料面建模与布料研究 [D]．北京：北京科技大学，2017.

[7] 李艳姣．面向指标的高炉料面优化研究 [D]．北京：北京科技大学，2019.

[8] Li Y，Zhang S，Zhang J，et al. Data-driven multiobjective optimization for burden surface in blast furnace with feedback compensation [J]. IEEE Transactions on Industrial Informatics，2020，16（4）：2233-2244.

[9] 黄平，孟永钢．最优化理论与方法 [M]．北京：清华大学出版社，2009.

[10] 冯琳．改进多目标粒子群算法的研究及其在电弧炉供电曲线优化中的应用 [D]．沈阳：东北大学，2013.

[11] Dang D，Guibadj R，Moukrim A. An effective PSO-inspired algorithm for the team orienteering problem [J]. European Journal of Operational Research，2013，229（2）：332-344.

[12] 孙滢．若干最优化问题的粒子群算法及应用研究 [D]．合肥：合肥工业大学，2020.

[13] 智慧．群智能优化算法的研究及应用 [D]．西安：西安电子科技大学，2020.

[14] 李俊青．基于人工蜂群算法的钢铁生产调度问题研究 [D]．沈阳：东北大学，2016.

[15] 李少远，王景成．智能控制［M］. 北京：机械工业出版社，2009.

[16] 孙文娟．自适应遗传算法的改进及其在爆炸冲击响应谱时域合成优化中的应用研究［D］. 合肥：中国科学技术大学，2019.

[17] 谷晓琳．基于改进遗传算法的柔性作业车间调度问题的应用研究［D］. 大连：大连交通大学，2020.

[18] 冯祺．基于遗传算法的反馈型波前整形多点光聚焦技术研究［D］. 北京：北京化工大学，2020.

[19] Zhang Y，Zhou P，Cui G. Multi-model based PSO method for burden distribution matrix optimization with expected burden distribution output behaviors［J］. IEEE/CAAJ. Autom. Sinica，2019，6（6）：1478-1484.

[20] 王力宾．高炉冶炼过程炉喉料面形状的运行控制［D］. 包头：内蒙古科技大学，2024.

5 基于B样条函数的期望料层厚度分布的设定方法

5.1 引 言

高炉装料是复杂高炉冶炼过程的一个子系统，是巨型密闭反应釜的进料环节。炉况的稳定顺行不仅对装料速度有要求，而且对装入炉料颗粒在炉喉的空间分布也有特殊要求。装料过程炉料在炉喉形成的料层厚度分布，是构成炉内下行料柱负荷分布、透气性分布及其他空间分布的主要单元，而下行料柱与上升煤气流分布的逆向耦合交互又是影响炉况运行状态的主要原因。于是，如何根据冶炼工艺需要调节期望的中心与边缘料层强弱分布的问题，就转换成如何在积分约束下设定期望的料层分布函数问题。

与常规控制系统的目标期望不同，料层厚度分布既不是标量也不是向量，而是一个受积分约束的分布函数。Zhang等在2019年给出了一种基于线性分段函数描述期望料层厚度分布的方法，可以实现在积分约束下给出期望料层厚度的数学描述[1]。从图5-1可以看出，基于线性分段函数的期望料层厚度描述对实际料层厚度分布的拟合效果并不好，也不便于现场操作人员的调控。

1998年英国曼彻斯特大学王宏教授提出了以输出概率密度函数（Probability Density Function，PDF）为被控量的有界随机分布控制理论[2]，给出了基于B样条函数描述输出PDF的方法。输出PDF与料层厚度分布均是一个受积分约束的分布函数，然而料层厚度分布是一个通过二维径向分布函数描述的三维空间分布，直接将基于B样条函数描述输出PDF的方法应用于期望的料层厚度分布也存在一定的困难。

针对高炉冶炼操作中存在的实际问题，根据冶炼工艺对中心与边缘炉料强弱分布的调控需要，本章将在第3章炉料分布模型和第4章装料操作优化的基础上，结合有界随机分布控制理论中基于B样条函数描述输出PDF的方法，研究如何在积分约束下设定期望的料层分布函数问题。

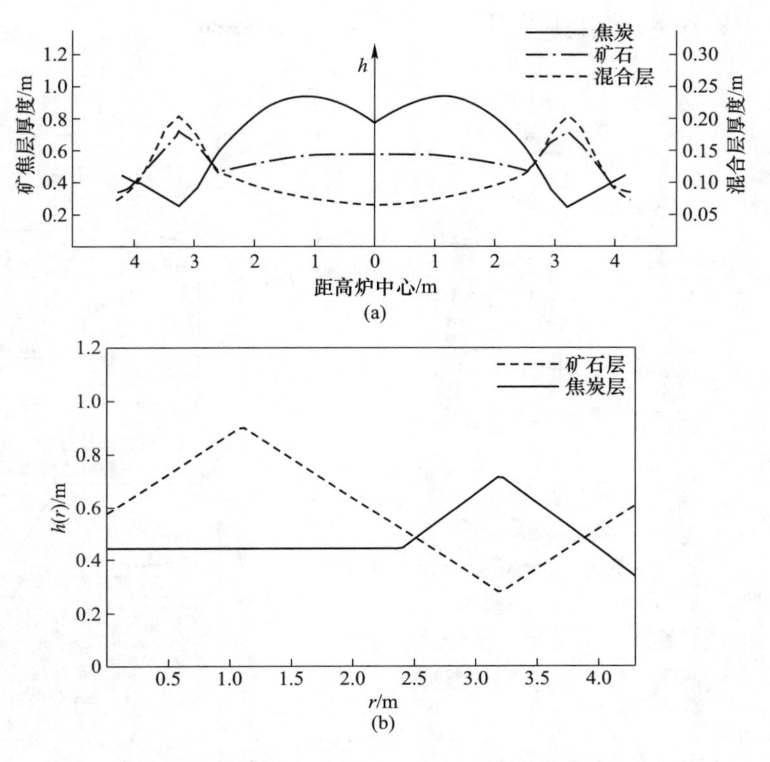

图 5-1　实际料层厚度分布与基于分段函数描述的料层厚度

（a）实际中的料层厚度；（b）分段函数描述的料层厚度

5.2　积分约束下料层厚度分布的描述与设定

5.2.1　料层厚度分布对下行料柱与上升煤气流逆向交互的影响

高炉冶炼是一个高度复杂的大滞后过程，焦炭和矿石组成的固体颗粒原料从顶部储料箱经布料装置间歇交替装入，到还原出熔融的铁水汇集到底部炉缸并从出铁口排出，整个冶炼周期 7~8 h[4]。高炉装料过程在一个间歇周期 8~9 min 内，需要将矿石和焦炭两种炉料交替装入炉喉，在短周期间歇装料与长周期连续冶炼过程，炉料从炉喉装入与先前交替装入 60~70 层矿石和焦炭层堆积成下行料柱，如图 5-2 所示。与此同时，下部鼓风和喷煤在炉腹内形成持续上升的高温煤气流，自下而上穿透下行料柱将矿石逐渐熔融与还原，在炉喉料面形成温度相对较低的料面温度场分布，如图 5-2 所示。高炉冶炼过程中的一切物理和化学反应均是在下行料柱与上升煤气流逆向交互下进行的，也是影响高炉炉况稳定顺行、高炉冶炼效率、原燃料消耗以及生产安全的关键。

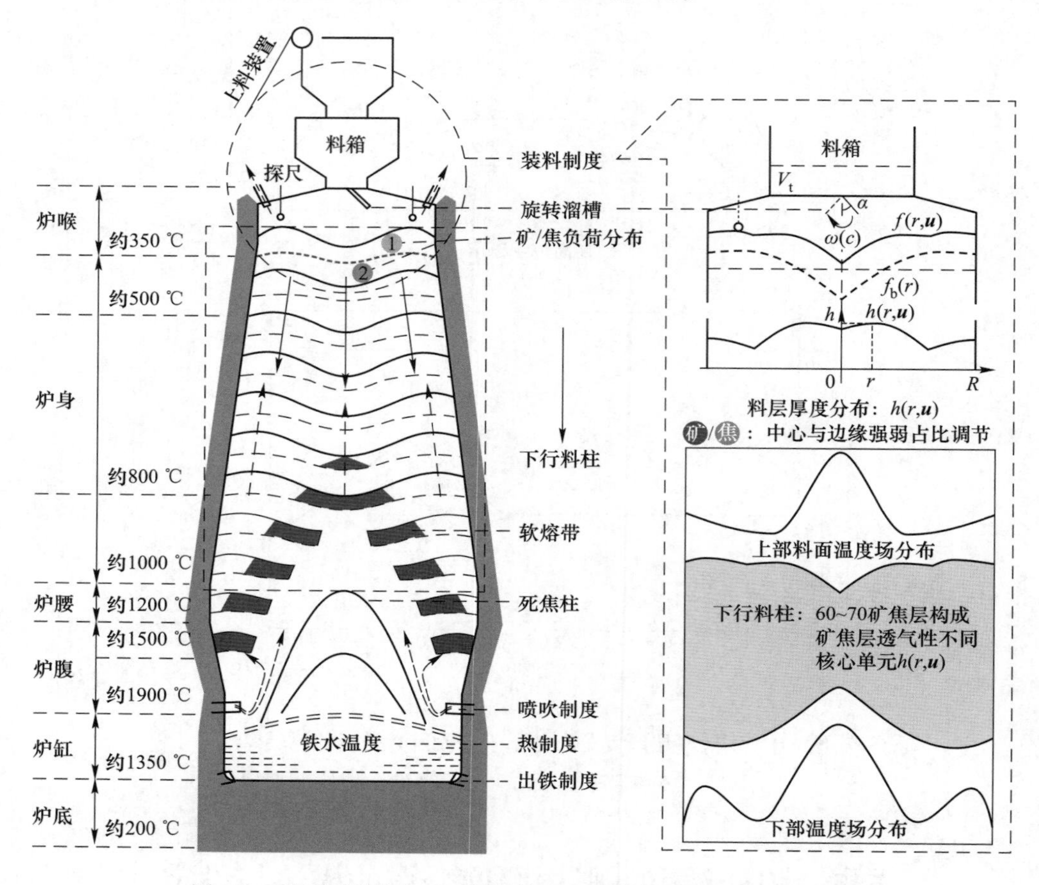

图 5-2 料层厚度分布对下行料柱与上升煤气流逆向交互的影响

1—矿石层厚度分布；2—焦炭层厚度分布

在高炉冶炼过程，焦炭与矿石作为主体炉料，其透气性、流动性和传热性均不相同。矿石是高炉冶炼的主要负荷，也是生产铁水的主要原料；而焦炭在整个冶炼过程中不仅是还原剂、燃料，而且还是渗碳剂和炉内料柱的骨架支撑。由矿石和焦炭交替堆叠所形成的下行料柱是一类特殊的动态多孔介质，这类多孔介质受控于每一层的矿石与焦炭的负荷、颗粒大小以及本身材质特性，是一个影响高炉煤气流分布和透气性动态的关键。由于炉料中矿石层和焦炭层透气性、流动性和传热性各不相同，上升的煤气流又反过来影响下行料柱中料层结构的空间分布。由此，图 5-2 中作为构成下行料柱料层结构分布的核心单元“炉喉料层厚度分布 $h(r, \boldsymbol{u})$”成为影响下行料柱与上升煤气流逆向交互的关键变量。

正如第 2 章所述，由高炉布料而引起的煤气流分布有 4 种类型：边缘发展型、中心与边缘发展型、中心发展型、平坦型。以中心发展型为例，中心焦柱是上升气流的主要通道，也对整个料柱起到力学骨架支撑作用，由此焦炭层厚度在中心的分布占比一般较高，而矿石层厚度在边缘的占比相对较大。然而，当下大型高炉所执行的布料制度，仍是一个以专家累积经验为特征的模糊调控模式，炉长/工长根据炉况的运行状态实时调控“中心与边缘炉料的强弱分布”，对于料层厚度分布并没有针对批重给出相应具体和精确的数学描述。

5.2.2 积分约束下基于分段函数的期望料层厚度分布描述

根据第3章和第4章高炉布料模型，在已知高炉本体结构、底层料面分布以及布料矩阵的情况下，料层厚度分布可以描述为：

$$h(r,\ \boldsymbol{u}) = f(r,\ \boldsymbol{u}) - f_{\mathrm{b}}(r) \tag{5-1}$$

$$V_{\mathrm{t}} = \int_0^R 2\pi r h(r,\ \boldsymbol{u})\,\mathrm{d}r \tag{5-2}$$

式中，$\boldsymbol{u}$ 为操作变量布料矩阵；V_{t} 为批重相关的料堆体积；$f_{\mathrm{b}}(r)$ 为高炉装料时底层料面形状；$f(r,\ \boldsymbol{u})$ 为执行布料矩阵 $\boldsymbol{u}$ 操作后顶层料面分布形状。

显然，这是一个已知操作变量给出层厚度分布描述的方法，而高炉冶炼操作过程中存在的实际问题往往是如何根据期望的料层厚度分布给出合适的操作变量。

针对高炉工艺对料层厚度的要求，如图5-1（a）所示，以及间歇装料过程料批批重的体积积分约束式（5-2），在未知操作变量 $\boldsymbol{u}$ 的情况下，一种基于分段函数描述期望矿石层厚度分布 $h_{\mathrm{g}}^{\mathrm{c}}(r)$ 和焦炭层厚度分布 $h_{\mathrm{g}}^{\mathrm{o}}(r)$ 的方法，可表述为：

$$h_{\mathrm{g}}^{\mathrm{c}}(r) = \begin{cases} k_{\mathrm{c}} y + h_{\mathrm{c}} & (0 \leqslant r \leqslant r_{\mathrm{ct}}) \\ -k_{\mathrm{c}}(r - r_{\mathrm{ct}}) + k_{\mathrm{c}} r_{\mathrm{ct}} + h_{\mathrm{c}} & (r_{\mathrm{ct}} < r \leqslant r_{\mathrm{ot}}) \\ k_{\mathrm{c}}(r - r_{\mathrm{ot}}) + 2k_{\mathrm{c}} r_{\mathrm{ct}} - k_{\mathrm{c}} r_{\mathrm{ot}} + h_{\mathrm{c}} & (r_{\mathrm{ot}} < r \leqslant R) \end{cases} \tag{5-3}$$

$$h_{\mathrm{g}}^{\mathrm{o}}(r) = \begin{cases} h_{\mathrm{o}} & (0 \leqslant r \leqslant r_{\mathrm{ol}}) \\ k_{\mathrm{o}}(r - r_{\mathrm{ol}}) + h_{\mathrm{o}} & (r_{\mathrm{ol}} < r \leqslant r_{\mathrm{ot}}) \\ k_{\mathrm{o}}(r - r_{\mathrm{ot}}) + k_{\mathrm{o}}(r_{\mathrm{ot}} - r_{\mathrm{ol}}) + h_{\mathrm{o}} & (r_{\mathrm{ot}} < r \leqslant R) \end{cases} \tag{5-4}$$

$$V_{\mathrm{t}}^{\mathrm{c}} = \int_0^R 2\pi y h_{\mathrm{g}}^{\mathrm{c}}(r)\,\mathrm{d}r \tag{5-5}$$

$$V_{\mathrm{t}}^{\mathrm{o}} = \int_0^R 2\pi y h_{\mathrm{g}}^{\mathrm{o}}(r)\,\mathrm{d}r \tag{5-6}$$

式中，k_{c}，k_{o}，r_{ct}，r_{ot}和 r_{ol}为手动调节参数；$V_{\mathrm{t}}^{\mathrm{o}}$和 $V_{\mathrm{t}}^{\mathrm{c}}$ 分别表示与料批批重相关的矿石批的体积和焦炭批的体积，可通过批重与堆密度计算；h_{c} 和 h_{o} 为体积积分约束 $V_{\mathrm{t}}^{\mathrm{c}}$和 $V_{\mathrm{t}}^{\mathrm{c}}$ 调节的待估参数。

虽然，分段函数法可以用来描述期望料层厚度的分布，但从式（5-3）~

式（5-6）的具体描述中可以看出，该方法预设参数和可调参数较多，不利于现场人员的便捷操作。

5.3　基于B样条基函数的料层厚度分布模型

5.3.1　B样条基函数介绍

B样条是数值分析范畴内样条曲线的一种表达方式，在工程应用中用以拟合和逼近控制曲线，具有局部控制的特征。B样条基函数是一个基于节点矢量的非递减参数多阶分段多项式[2]。有界参变量 y 被一系列称为节点的值分为许多区间，这些节点就是其“位置调控的地址”，其中由插入的节点所构成的节点向量包含了整个变量 y 区间被节点分成的子区间值，而这些节点可以按照设计者的期望任意设计。

节点向量一般包含 j 个内部节点和 k 个外部节点，例如，一维单变量空间的内部节点满足式（5-7）。

$$y^{\min} < \lambda_1 \leqslant \lambda_2 \leqslant \cdots \leqslant \lambda_j \leqslant y^{\max} \tag{5-7}$$

式中，$y^{\min}$ 和 $y^{\max}$ 是变量 y 的最小值和最大值。

变量 y 边界的外部结点满足：

$$\lambda_{-(k-1)} \leqslant \cdots \leqslant \lambda_0 = y^{\min} \tag{5-8}$$

$$y^{\max} = \lambda_{j+1} \leqslant \cdots \leqslant \lambda_{j+k} \tag{5-9}$$

这些节点用于生成宽度 k 的基函数，这个宽度接近输入空间的端点。单变量B样条的阶次不仅决定B样条的可微性，更决定B样条的形状和其支持域的宽度，这里的支持域定义为使B样条的输出非零的输入空间的范围，因此 k 阶单变量B样条的支持域也是 k 个间隔宽度[5-6]。例如，一个阶次为 k 的单变量 y 的B样条基函数的宽度也为 k 个子区间，同时 k 阶可微，每一个输入子区间都被映射到 k 个非零的B样条基函数。随着阶次的增加，输出的函数越来越光滑。单变量B样条可由下列递推式估计：

$$B_{i,1}(y) = \begin{cases} 1, & y \in [\lambda_i, \lambda_{i+1}] \\ 0 & \end{cases} \tag{5-10}$$

$$B_{i,k}(y) = \frac{y - \lambda_i}{\lambda_{i+k-1} - \lambda_i} B_{i,k-1}(y) + \frac{\lambda_{i+k} - y}{\lambda_{i+k} - \lambda_{i+1}} B_{i+1,k-1}(y) \quad (k \geqslant 1) \tag{5-11}$$

对于任意 $k \geqslant 1$ 阶的B样条基函数，存在如下关系：

$$\frac{k}{\lambda_{i+k}-\lambda_i}\int_{\lambda_i}^{\lambda_{i+1}} B_{i,k}(y)\mathrm{d}y = 1 \quad (i=-k+1, \cdots, r) \tag{5-12}$$

$$B_{i,k}(y)=0, \ y \in (-\infty, \lambda_i] \cup [\lambda_{i+k}, \infty) \tag{5-13}$$

$$B_{i,k}(y) > 0, \ y \in (\lambda_i, \lambda_{i+k}) \tag{5-14}$$

式（5-12）和式（5-13）给出了B样条基函数在有效区间的性质及对应的有效区间的宽度。图5-3为通过这种递推关系得到的基函数。

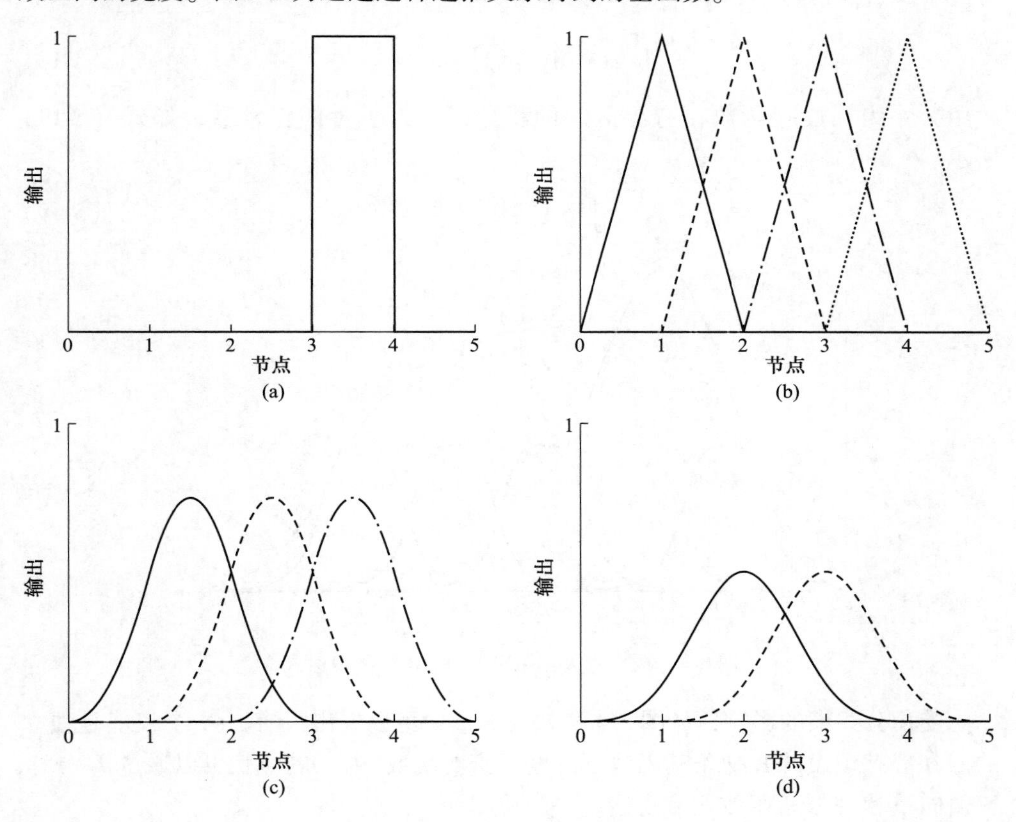

图5-3 单变量B样条

（a）一阶B样条；（b）二阶B样条；（c）三阶B样条；（d）四阶B样条

5.3.2 基于线性B样条模型描述的概率密度函数

假定在有界区间 $[a, b]$ 上概率密度函数 $\gamma(y)$ 是连续的，如图5-4所示，那么该函数可以通过如下B样条基函数展开来近似：

$$\gamma(y) = \sum_{i=1}^{n} x_i B_i(y) + e(y) \tag{5-15}$$

式中，$B_i(y)$ 为定义在区间 $[a, b]$ 上的第 i 个预设B样条函数；x_i 为可以调概率密度分布函数 $\boldsymbol{\gamma}(y)$ 分布形态的权值；n 为预设基函数的个数；$e(y)$ 表示拟合误差。在 $\boldsymbol{\gamma}(y)$ 已知的情况下，式(5-15) 中的权值 $\boldsymbol{x} \in \mathbf{R}^n$ 可通过式（5-16）计算。

$$\boldsymbol{x} = [C_1(y)^{\mathrm{T}} C_1(y)]^{-1} C_1(y)^{\mathrm{T}} \boldsymbol{\gamma}(y) \tag{5-16}$$

$$C_1(y) = (B_1(y), B_2(y), \cdots, B_n(y)) \tag{5-17}$$

由于 $\boldsymbol{\gamma}(y)$ 是一个定义在有界区间 $[a, b]$ 的概率密度函数，需要始终满足积分约束式（5-18）。

$$\int_a^b \boldsymbol{\gamma}(y)\mathrm{d}y = \sum_{i=1}^{n} x_i b_i = 1 \tag{5-18}$$

式中，b_i 为预设基函数在有界区间的积分，是大于零的正常数，如式（5-19）所示。

$$\int_a^b B_i(y)\mathrm{d}y = b_i \tag{5-19}$$

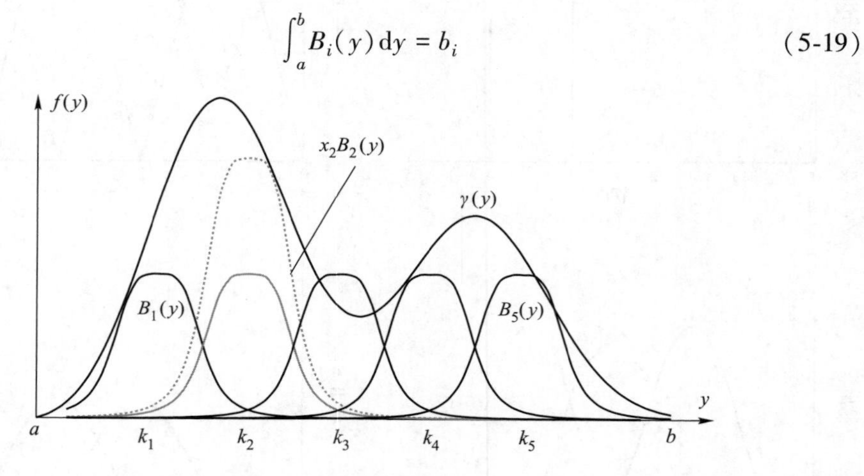

图 5-4　概率密度函数 $f(y)$ 的B样条表达式

受积分约束的影响，从图5-4和式（5-15）可以看出只有 $n-1$ 个权值是独立的。在静态预设的B样条基函数下，概率密度函数 $\boldsymbol{\gamma}(y)$ 的形状可以通过 $n-1$ 个权值向量和B样条函数线形表达。

$$\boldsymbol{\gamma}(y) = \boldsymbol{C}(y)\boldsymbol{X} + L(y) \tag{5-20}$$

$$\boldsymbol{X} = [x_1, x_2, \cdots, x_{n-1}]^{\mathrm{T}} \in \mathbf{R}^{n-1}$$

$$L(y) = b_n^{-1} B_n(y) \in \mathbf{R}^{1\times 1}$$

$$\boldsymbol{C}(y) = \left(B_1(y) - \frac{B_n(y)}{b_n}b_1, B_2(y) - \frac{B_n(y)}{b_n}b_2, \cdots, B_{n-1}(y) - \frac{B_n(y)}{b_n}b_{n-1}\right) \in \mathbf{R}^{1\times(n-1)}$$

由此，在静态预设的B样条基函数下，调控一个受积分约束的有界概率密度

函数 $\gamma(y)$ 在区间 $[a, b]$ 的分布形状，可通过调整向量 $\boldsymbol{X} \in \mathbf{R}^{(n-1)\times 1}$ 中的权值来实现。

5.3.3　基于B样条模型描述的料层厚度分布

高炉间歇装料过程料批批重往往是恒定的，因此装料过程料层厚度的体积积分 V_t 为常值，类似于上述线形B样条模型描述的概率密度函数的积分为“1”的概念[2-3]。虽然概率密度函数的积分与料层厚度分布的积分形式不同，但可借鉴上述描述将料层厚度分布视为特殊的概率密度函数，通过以下B样条基函数和相应权值来近似：

$$h(r) = \sum_{i=1}^{n+1} w_i B_i(r) + e(r) \tag{5-21}$$

式中，$B_i(r)$ 为定义在区间 $[0, R]$ 上的第 i 个预设B样条函数，R 为炉喉半径；w_i 为可以调节料层厚度分布函数 $h(r)$ 分布形态的权值；$n+1$ 表示预设基函数的个数；$e(r)$ 表示拟合误差。

在 $h(r)$ 已知的情况下，式(5-21)中的权值 $\boldsymbol{w}\in\mathbf{R}^{n+1}$ 可通过式（5-22）计算。

$$\boldsymbol{w} = [C_1(r)^{\mathrm{T}} C_1(r)]^{-1} C_1(y)^{\mathrm{T}} h(r) \tag{5-22}$$

$$C_1(r) = (B_1(r),\ B_2(r),\ \cdots,\ B_n(r)) \tag{5-23}$$

由于 $h(r)$ 表征的是高炉装料过程料批中炉料颗粒在炉喉的料层分布，其满足积分约束式（5-24）。

$$\sum_{i=1}^{n+1} w_i b_i = \int_0^R 2\pi r h(r)\,\mathrm{d}r = V_t \tag{5-24}$$

$$b_i = \int_0^R 2\pi r B_i(r)\,\mathrm{d}r \tag{5-25}$$

式中，b_i 为与体积相关的正常数。

由于要满足积分约束式（5-24）的要求，因此只有 n 个权值 $w_i\,|_{i=1,2,\cdots,n}$ 是相互独立的。于是，在静态预设的B样条基函数下，料层厚度分布 $h(r)$ 的形状可以通过 $n+1$ 个权值向量表达：

$$h(r) = \boldsymbol{C}(r)\boldsymbol{W} + L(r) \tag{5-26}$$

$$\boldsymbol{W} = [w_1,\ w_2,\ \cdots,\ w_n]^{\mathrm{T}} \in \mathbf{R}^{n\times 1} \tag{5-27}$$

$$L(r) = V_t\left(\int_0^R 2\pi r B_{n+1}(r)\,\mathrm{d}r\right)^{-1} B_{n+1}(r) \tag{5-28}$$

$$C(r)=\left(B_1(r)-\frac{b_1}{b_{n+1}}B_{n+1}(r),\ \cdots,\ B_n(r)-\frac{b_N}{b_{n+1}}B_{n+1}(r)\right)\in \mathbf{R}^{1\times n}$$

$$\boldsymbol{b}=[b_1,\ b_2,\ \cdots,\ b_n]^{\mathrm{T}}\in \mathbf{R}^{n\times 1} \tag{5-29}$$

$$w_{n+1}=\frac{1}{b_{n+1}}(V_{\mathrm{t}}-\boldsymbol{b}^{\mathrm{T}}\boldsymbol{W}) \tag{5-30}$$

由此，只需 n 个相互独立的权值 $w_i\big|_{i=1,\ 2,\ \cdots,\ n}$ 就可以给出期望料层厚度分布的数学描述。

5.4 仿真实验

5.4.1 基于B样条模型的概率密度函数的设定

【例5-1】 对于给定区间［0，2］上确定的目标概率密度函数

$$\begin{aligned} g(y) &= 47.2238y\mathrm{e}^{-10y}+0.9421\mathrm{e}^{\frac{-(y-1.25)^2}{0.1}} \\ &= \sum_{i=1}^{n} x_i B_i(y)+e(y) \end{aligned}$$

则目标概率密度函数的积分满足

$$1=\int_0^2 g(y)\,\mathrm{d}y$$

整理式（5-10）~式（5-13），可以得到式（5-31）计算3阶B样条基函数（$k=3$）的描述：

$$B_i(y)=\begin{cases} \dfrac{(y-\lambda_i)^2}{(\lambda_{i+1}-\lambda_i)(\lambda_{i+2}-\lambda_i)}, & y\in[\lambda_i,\lambda_{i+1}) \\ 1-\dfrac{(y-\lambda_{i+1})^2}{(\lambda_{i+2}-\lambda_{i+1})(\lambda_{i+3}-\lambda_{i+1})}-\dfrac{(y-\lambda_{i+2})^2}{(\lambda_{i+2}-\lambda_{i+1})(\lambda_{i+2}-\lambda_i)}, & y\in[\lambda_{i+1},\lambda_{i+2}) \\ \dfrac{(y-\lambda_{i+3})^2}{(\lambda_{i+3}-\lambda_{i+2})(\lambda_{i+3}-\lambda_{i+1})}, & y\in[\lambda_{i+2},\lambda_{i+3}) \\ 0 & \end{cases} \tag{5-31}$$

当在给定区间［0，2］上的插入节点 λ_i 是间距时(即 $\lambda_{i+1}-\lambda_i=\lambda_{i+2}-\lambda_{i+1}=\lambda_{i+3}-\lambda_{i+2}$ 均等)，$B_i(y)$ 为均匀 B 样条基函数。

定义基于 B 样条模型的近似概率密度函数 $\hat{g}(y)$ 以及拟合误差 $g_e(r)$：

$$\hat{g}(y)=\sum_{i=1}^{n}x_iB_i(y)$$

$$g_e(r)=g(y)-\hat{g}(y)$$

对比均匀分布的 B 样条基函数个数 $n=10$ 和 $n=50$ 的拟合效果，其中 $B_i(y)$ 的表达对比如图 5-5 所示，对目标 PDF 分布拟合的效果如图 5-6 所示，拟合误差如图 5-7 所示。从图 5-6 和图 5-7 的对比结果看，n 越大拟合效果越好。

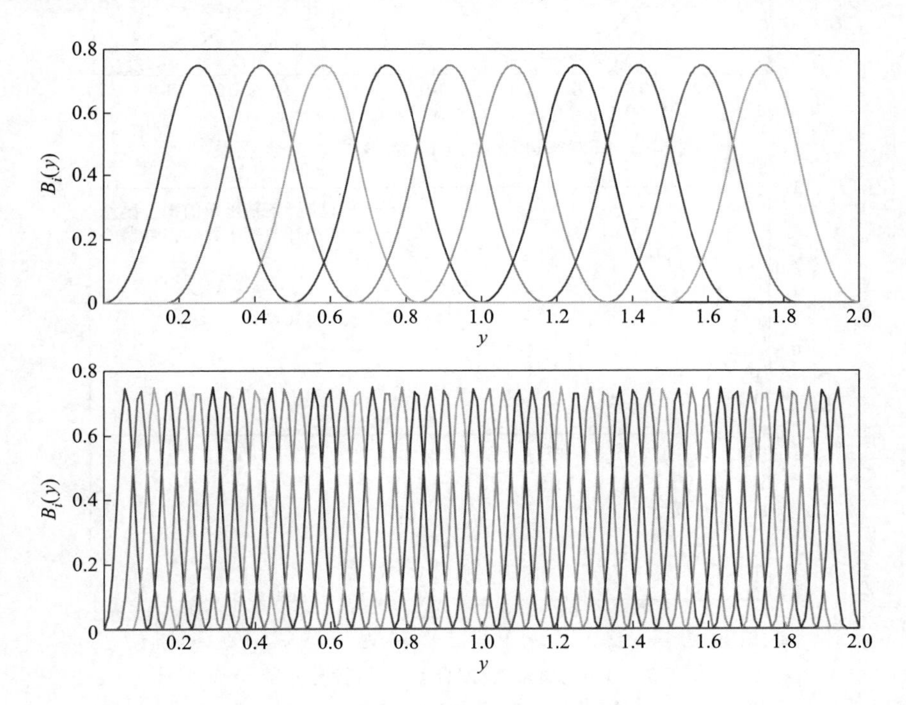

图 5-5 B 样条基函数 $B_i(y)$ 的表达式

【例 5-2】 同样在给定区间［0，2］上，给出均匀 B 样条基函数 $B_i(y)$ 在 $n=10$ 的两个的权值向量 $\boldsymbol{x}_1$ 与 $\boldsymbol{x}_2$：

$$\boldsymbol{x}_1=[0.56,\ 0.75,\ 0.55,\ 0.39,\ 0.22,\ 0.12,\ 0.75,\ 0.19,\ 0.28]^{\mathrm{T}}\in\mathbf{R}^9$$

$$\boldsymbol{x}_2=[0.16,\ 0.25,\ 0.15,\ 0.39,\ 0.22,\ 0.12,\ 0.75,\ 0.19,\ 0.28]^{\mathrm{T}}\in\mathbf{R}^9$$

通过式（5-19）计算 b_i，而由于 $B_i(y)$ 为均匀 B 样条，因此：

$$\int_0^2 B_i(y)\,\mathrm{d}y=b_i=0.1667\quad(i=1,\ 2,\ \cdots,\ 10)$$

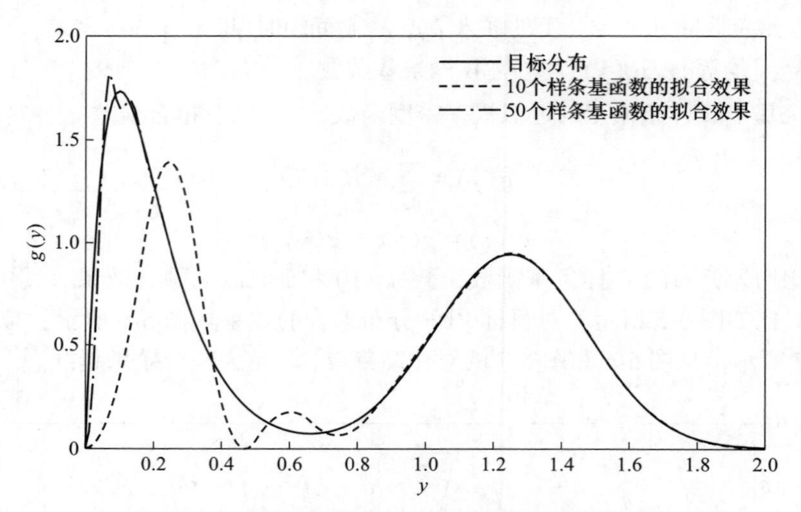

图 5-6　概率密度函数 $g(y)$ 的 B 样条拟合效果

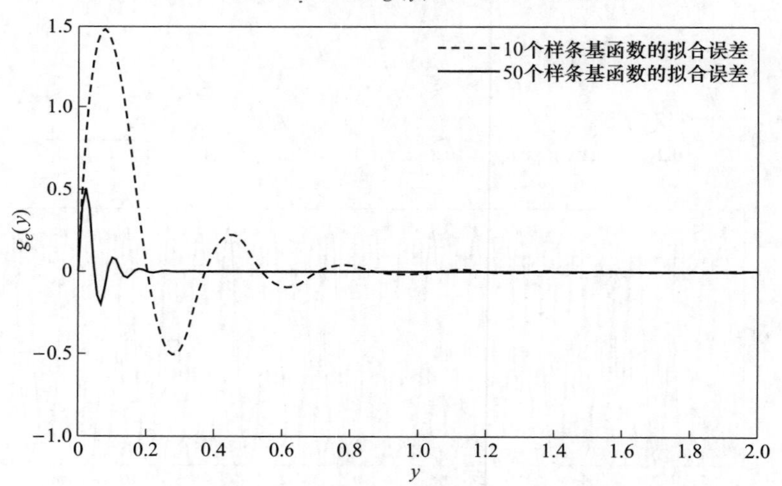

图 5-7　B 样条基函数拟合 PDF 目标分布的误差

则式（5-20）中的 $L(y)$ 与 $\boldsymbol{C}(y)$ 可表达为：

$$L(y) = b_{10}^{-1} B_{10}(y)$$

$$\boldsymbol{C}(y) = [B_1(y) - B_{10},\ B_2(y) - B_{10}(y),\ \cdots,\ B_9(y) - B_{10}(y)] \in \mathbf{R}^{1\times 9}$$

通过式（5-20）计算受积分约束的概率密度函数 $g(y)$：

$$g(y) = \boldsymbol{C}(y)\boldsymbol{x} + L(y)$$

图 5-8 给出了两个不同权值的 B 样条模型展开拟合概率密度函数的对比。

5.4.2　基于 B 样条模型的料层厚度分布的设定

针对表 5-1 中期望的料层厚度分布，假定 B 样条基函数的个数 $n=6$，构建基

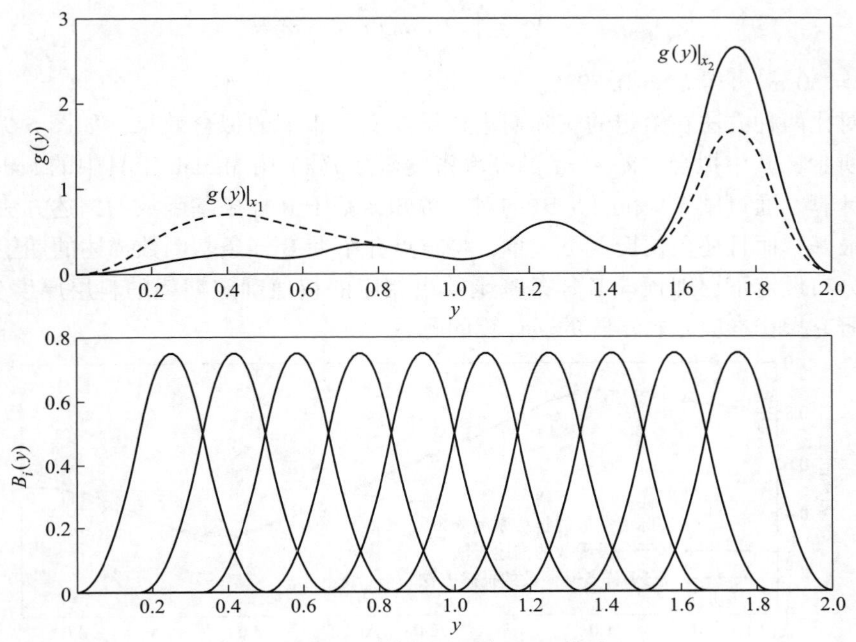

图 5-8 两个权值向量拟合 PDF 的对比

于 B 样条模型的拟合函数：

$$h_{\mathrm{g}}(r)=\sum_{i=1}^{6} w_i B_i(r)$$

不同于常规概率密度函数，料层厚度分布 $h(r)$ 的中心和边缘并非为趋近于 0 的值，需要对常规 3 阶 B 样条基函数的预设做部分修正：

$$B_1(r)=1-B_2(r)-B_3(r)$$
$$B_6(r)=1-B_5(r)-B_4(r)$$

参照式（5-3）~式（5-6），给出相应斜率 $k_{\mathrm{c}}=0.3$，两个调节点 $r_{\mathrm{ct}}=1.1$ 和 $r_{\mathrm{ot}}=3.2$，构建基于分段函数法描述的料层厚度分布：

$$h_{\mathrm{g}}^{\mathrm{c}}(r)=\begin{cases}0.3y+h_{\mathrm{c}}, & 0\leqslant r\leqslant 1.1\\ -0.3(r-1.1)+0.33+h_{\mathrm{c}}, & 1.1<r\leqslant 3.2\\ 0.3(r-3.2)-0.3+h_{\mathrm{c}}, & 3.2<r\leqslant R\end{cases}$$

表 5-1 包钢高炉料面运行优化数据

r/m	0.00	0.2R	0.4R	0.6R	0.8R	R
$f(r)$/m	0.750	1.330	1.850	2.050	2.055	1.950
$f_{\mathrm{b}}(r)$/m	0.000	0.520	1.050	1.510	1.640	1.560

由于待估参数 h_{c} 满足积分约束：

$$V_t^c = \int_0^R 2\pi \gamma h_g^c(r)\,\mathrm{d}r$$

由 $V_t^c = 30\ \mathrm{m}^3$ 可得 $h_c = 0.7935$。

对比两种方法在给定的实际期望料层厚度分布下的拟合效果，如图 5-9 和图 5-10 所示，其中拟合误差 $e(r)$ 的概率密度函数 $f(e)$ 用 Matlab 工具中的 ksdensity 命令计算。通过图 5-9 和图 5-10 的对比可知，基于 B 样条基函数的描述方法拟合效果最好，而且还更便捷。下一章，将重点介绍在 B 样条基函数描述的期望料层厚度分布设定下，即预设 B 样条基函数由相应的权值确定期望的料层厚度分布，继而研究操作参数布料矩阵的逆计算问题。

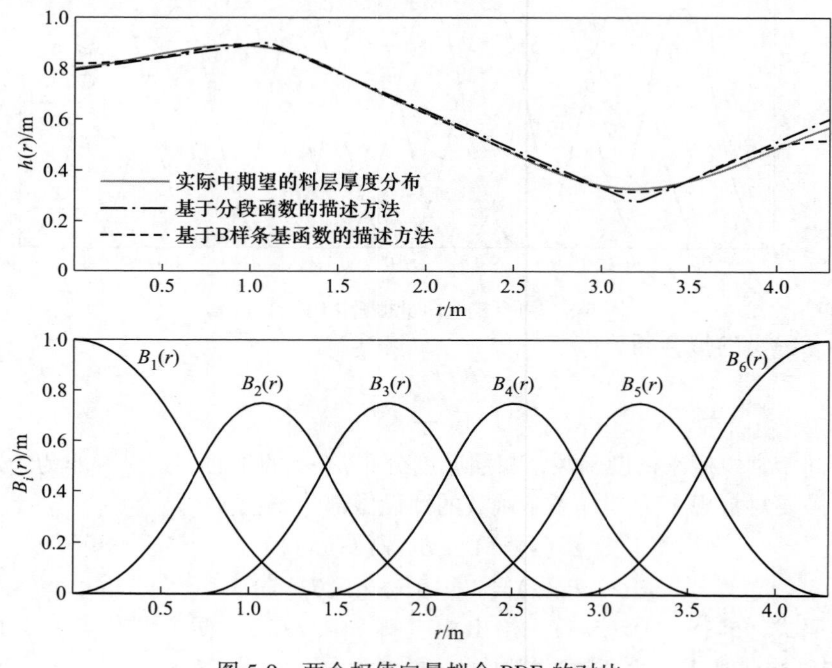

图 5-9　两个权值向量拟合 PDF 的对比

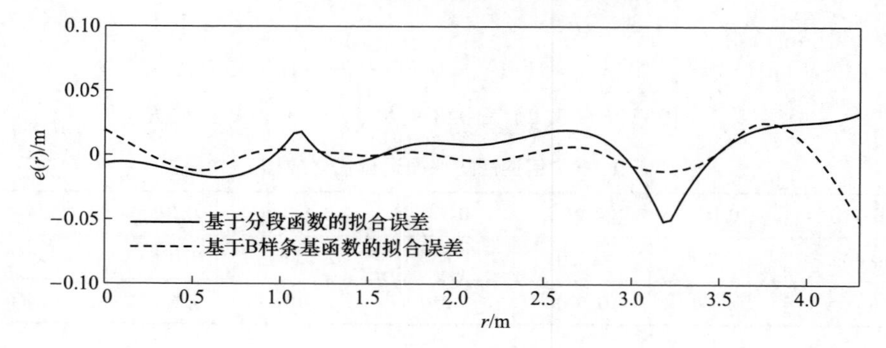

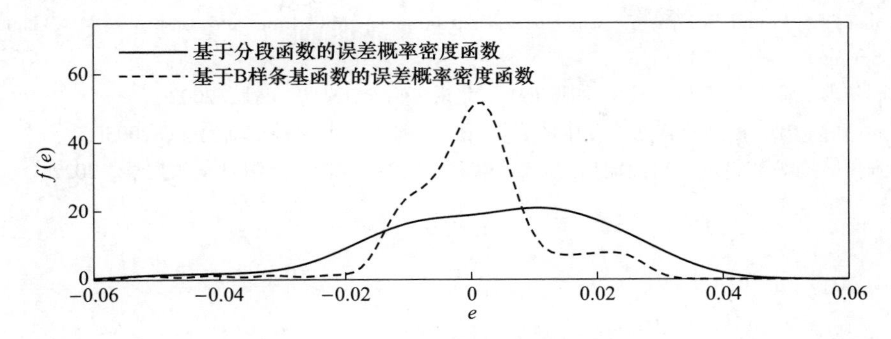

图 5-10 两种方法拟合误差的对比

5.5 小结

料层厚度分布是炉内料柱构成的核心单元，是影响炉内矿焦比分布、上升煤气流分布与下行料柱耦合交互的关键。针对高炉冶炼工艺对料层厚度分布中心与边缘强弱调节的要求，本章以期望的料层厚度分布的设定为研究问题，在体积积分约束下重点研究了基于 B 样条基函数的料层厚度分布的设定方法，为后期高炉料层厚度分布的优化提供理论与方法。

首先，在高炉冶炼机理以及高炉专家对期望料面形状运行优化研究的基础上，给出了工程对于期望料层厚度分布的描述；其次，介绍了 B 样条基函数描述随机分布中概率密度函数的方法；再次，将 B 样条基函数描述概率密度函数的方法引申至料层厚度分布；最后，利用 Matlab 工具构建了基于概率密度函数的 B 样条基函数的拟合对比，并以包钢集团某高炉现场操作实际数据为依据构建仿真实验，对比了分段函数法与 B 样条基函数法对目标分布的拟合对比，仿真实验说明了 B 样条基函数法拟合效果更好、更便捷。

下一章将针对实际操作中布料制度制定的工程难题，以及操作参数中离散和连续变量并存的混杂控制问题，重点介绍如何给出与期望料层厚度分布相匹配的布料矩阵逆计算方法。

参考文献

[1] Zhang Y, Zhou P, Cui G. Multi-model based PSO method for burden distribution matrix optimization with expected burden distribution output behaviors [J]. IEEE/CAA Journal of Automatica Sinica, 2019, 6 (6): 1478-1484.

[2] Wang H. Robust control of the output probability density functions for multivariable stochastic systems with guaranteed stability [J]. IEEE Transactions on Automatic Control, 1999, 44 (11): 2103-2107.

[3] Wang H. Bounded Dynamic Stochastic Distributions: Modelling and Control [M]. London: Springer-Verlag, 2000.
[4] 周传典. 高炉炼铁生产技术手册 [M]. 北京: 冶金工业出版社, 2002.
[5] 周靖林. PDF 控制及其在滤波中的应用 [D]. 北京: 中国科学院大学, 2005.
[6] 张勇. 高炉装料过程料面输出形状的建模型与控制 [D]. 沈阳: 东北大学, 2022.

6 基于输出 PDF 控制的高炉装料过程料层厚度分布控制

6.1 引　　言

高炉装料过程炉料在炉喉处形成的炉料空间分布，是影响高炉稳定运行与高效生产的关键因素，而它在实际中很大程度上由操作参数布料矩阵来调整。如何根据期望的空间分布确定适当的布料矩阵，是现场操作人员和工程师们关心的实际问题，被称为布料矩阵逆计算。用控制的术语解读高炉布料矩阵逆计算工程问题，则是一个以料层厚度分布为被控量，以布料矩阵为控制量，以期望料层厚度分布为设定值的控制问题，如图 6-1 所示。

布料矩阵逆计算既是关系布料操作制度制定与调整的关键，也是实现高炉运行优化的一个核心问题。如今，布料矩阵的制定与调整仍由经验丰富的专家视高炉的运行状态而定，炉长和工长在日常操作中只需依制定的布料矩阵执行布料操作，制定和修改布料矩阵具有较高的操作权限。这种操作模式不能及时调节炉况的运行状态，给高炉的稳定顺行、产量和能量消耗等都带来较多负面影响。

Zhang 等在 2015 年开启了布料矩阵逆计算的初步研究[1]，并于 2019 年提出了一种基于 PSO 优化算法计算期望料层厚度分布下布料矩阵的方法[2]。这种方法虽然可以给出一种可行解的计算方案，但在实际应用中其期望料层厚度分布目标设定仍具有较大的局限性，所求解的参数很难精确地逼近期望目标分布。

自从 Wang 在 1998 年提出了随机分布控制理论（Stochastic Distribution Control，SDC），一种可用于计算最优控制变量以跟踪预期输出分布形状的方法，随机分布系统的建模和控制一直是控制理论和应用中最具活力的领域之一[3]。到目前为止，它已成功应用于造纸过程[3]、火焰燃烧过程[4-5]和温度场分布控制[6]。然而，受高炉装料工艺的制约，布料矩阵逆计算不仅是一个以分布函数描述被控变量的特殊分布参数控制问题，而且还存在连续和有界离散操作变量的混杂参数优化困难，如图 6-1 所示，溜槽倾角 α_i 是一个连续变量，而旋转圈数 c_i 是一个非零整数，且受总圈数 $c_t = \sum_{i=1}^{m} c_i$ 的限制。尽管大多数分布式参数系统都可以表征为 SDC 系统，然而由于高炉装料环节的特殊性，布料矩阵的逆计算不

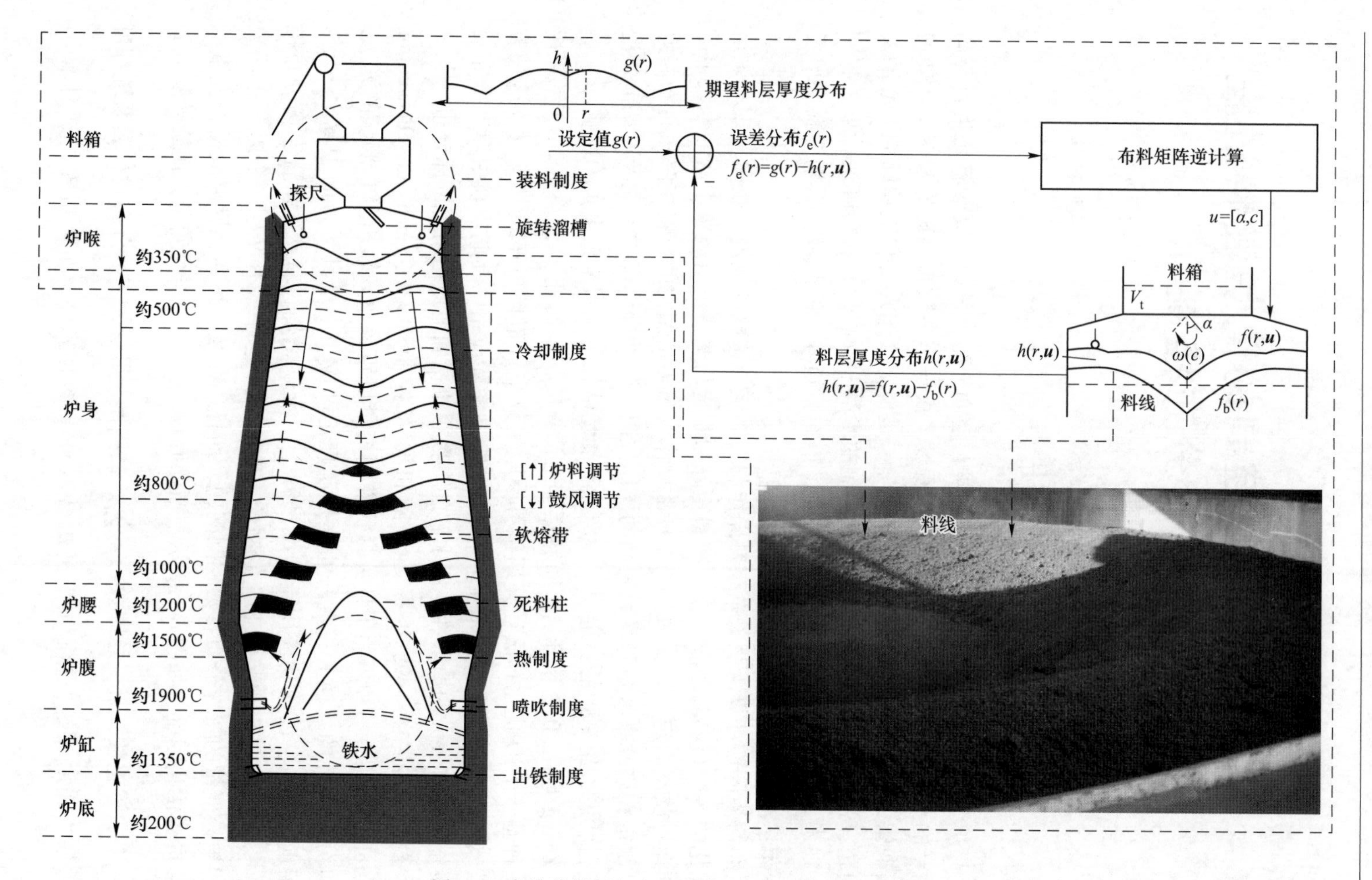

图6-1　高炉装料制度中的布料矩阵逆计算工程问题

能直接套用现有的 SDC 建模与控制研究成果。

针对高炉冶炼操作中存在的实际工程问题，本章将借助输出 PDF 模型与控制的 SDC 理论，在上述章节中所述布料模型和期望料层厚度分布设定的基础上[7]，继续研究高炉装料过程布料矩阵逆计算难题。

6.2 输出 PDF 形状的有界随机分布控制系统

6.2.1 基于偏微分方程描述的分布参数控制系统

分布参数控制系统泛指用分布参数系统描述的工业过程控制，其目的是调节控制系统的性能品质或者目标分布特性，以满足高品质工控的需要。分布参数系统的状态变化不能只用有限个参数来描述，而必须用场（一维或多维空间变量的函数）。例如，横向振动的弦 $\Phi(t, x)$，它的横向位移既是时间 t 的函数，又是弦上不同点位置 x 的函数，即其运动状态不仅依赖于时间 t，而且还依赖于空间变量 x。类似的还有电磁场、引力场、温度场等物理分布场。在实际工程应用中，很多工业过程控制对场控的要求并不高，例如北方冬季供暖对室内温度场的要求，可将依赖于空间分布变量 x 的动态集中于某个质点，则分布参数控制系统可描述为集中参数控制系统，即常规控制系统。

常规控制系统是一类较为成熟的控制系统，其研究对象是基于微分方程或差分方程描述的动态过程，控制目标是使系统输出收敛于设定目标，或者使系统输出的一阶和二阶统计特性（即均值和方差）满足设定目标，如在设计最小方程控制算法时，选择控制输入 $u(t)$ 使所构建的闭环控制系统输出有最小方差跟踪误差，即

$$\mathrm{Var}\{r - y(t)\} = \min \tag{6-1}$$

式中，$y(t)$ 是系统的可测量输出；r 是给定参考值；Var 为方差函数。

一般来说，常规控制系统的被控量为标量或者是由向量表征的多变量，输入控制量也是单变量或者多变量，其动态特性可由式（6-2）所示状态空间模型描述[8]：

$$\begin{cases} \dot{\boldsymbol{x}} = \boldsymbol{f}(\boldsymbol{x}, \boldsymbol{u}) \\ \boldsymbol{y} = \boldsymbol{g}(\boldsymbol{x}, \boldsymbol{u}) \end{cases} \tag{6-2}$$

式中，$\boldsymbol{x} \in \mathbf{R}^n$ 为描述动态系统的 n 维状态向量；$\dot{\boldsymbol{x}}$ 为状态变量的时间导数；向量 $\boldsymbol{u} \in \mathbf{R}^p$ 和 $\boldsymbol{y} \in \mathbf{R}^q$ 分别表征为系统的 p 维输入和 q 维输出；$\boldsymbol{f}(\cdot)$ 和 $\boldsymbol{g}(\cdot)$ 为描述系统动态关系的向量函数，对于线性系统来说由向量函数 $\boldsymbol{f}(\boldsymbol{x}, \boldsymbol{u})$ 和 $\boldsymbol{g}(\boldsymbol{x}, \boldsymbol{u})$ 所描述状态空间方程为：

$$\begin{cases}\dot{\boldsymbol{x}} = \boldsymbol{A}\boldsymbol{x} + \boldsymbol{B}\boldsymbol{u} \\ \boldsymbol{y} = \boldsymbol{C}\boldsymbol{x} + \boldsymbol{D}\boldsymbol{u}\end{cases} \tag{6-3}$$

式中，参数矩阵 $\boldsymbol{A} \in \mathbf{R}^{n\times n}$、$\boldsymbol{B} \in \mathbf{R}^{n\times p}$、$\boldsymbol{C} \in \mathbf{R}^{q\times n}$ 和 $\boldsymbol{D} \in \mathbf{R}^{q\times p}$ 为不依赖于状态 $\boldsymbol{x}$ 和输入 $\boldsymbol{u}$ 的常矩阵。

在实际工业过程中，大多数系统干扰可以视之为白噪声或者白噪声序列产生的有色噪声，被控变量的统计特性也都服从高斯分布，利用最小方差控制或者自校正控制可以使系统的输出得到与式（6-1）渐近相同的结果。

然而，对于造纸工业过程中的纤维长度分布、锅炉燃烧中的火焰分布、粮食加工过程输出颗粒分布及一些化工过程的分子量分布等诸多实际精细工业过程来说，高斯分布的假设具有一定的局限性，这类控制过程一般对被控变量的概率密度函数具有较高的技术指标要求。上述随机系统控制的输出具有分布参数特征，假定以 $\gamma(y, t)$ 来描述随机系统输出的概率密度函数，如图 6-2 所示，而概率密度函数的动态变化与系统的输入 $u(t)$ 密切相关。在 t 时刻，$\gamma(y, t)$ 的动态描述则是通过求解式（6-4）由偏微分方程（Partial Differential Equation，PDE）描述的动态系统的解来获得：

$$\xi\left(\frac{\partial^n \gamma}{\partial y^n}, \frac{\partial^{n-1} \gamma}{\partial y^{n-1}}, \cdots, \frac{\partial \gamma}{\partial y}, \gamma, \frac{\partial^m \gamma}{\partial t^m}, \frac{\partial^{m-1} \gamma}{\partial t^{m-1}}, \cdots, \frac{\partial \gamma}{\partial t}\right) = 0 \tag{6-4}$$

式中，$\xi(\cdot)$ 是一般的非线性函数。

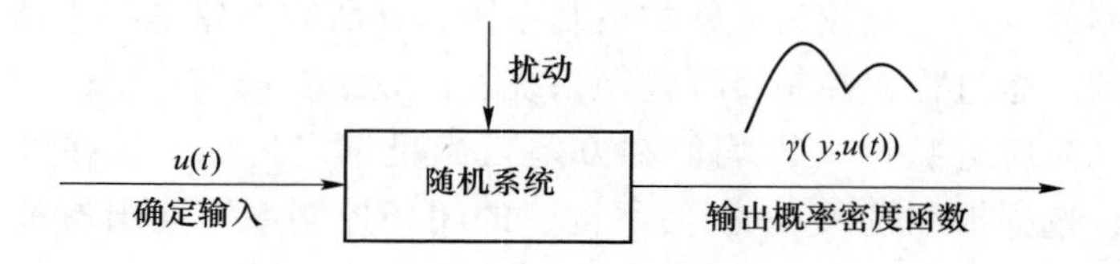

图 6-2 随机分布控制系统

参考式（6-2）的数学描述，在偏微分方程式（6-4）的基础上，控制系统的动态特性描述如下：

$$\begin{cases}\dfrac{\partial \gamma}{\partial t} = \boldsymbol{f}(\gamma(y, t), \boldsymbol{u}) \\ 0 = \xi\left(\dfrac{\partial^n \gamma}{\partial y^n}, \dfrac{\partial^{n-1} \gamma}{\partial y^{n-1}}, \cdots, \dfrac{\partial \gamma}{\partial y}, \gamma, \dfrac{\partial^m \gamma}{\partial t^m}, \dfrac{\partial^{m-1} \gamma}{\partial t^{m-1}}, \cdots, \dfrac{\partial \gamma}{\partial t}\right)\end{cases} \tag{6-5}$$

式中，函数 $\boldsymbol{f}(\cdot)$ 表征控制作用 $\boldsymbol{u}$ 对系统动态的影响；$\xi(\cdot)$ 表征概率密度函数自身的动态。

很明显，用式（6-5）研究以概率密度函数为被控对象的控制器的分析与设计将十分困难。第一，由于实际工业过程的复杂性，很难通过机理分析的方法直接构建系统的偏微分模型。第二，即使可以得到系统的偏微分模型，求解基于偏

微分方程的解 $\gamma(y, t)$ 也是一个数学难题，进而要得到实时的基于模型的有效控制策略 $u(t)$ 仍然很困难。

6.2.2　B 样条随机分布系统模型

对于一个输出在有界区间的动态随机过程，定义 $o(t) \in [y^{\min}, y^{\max}]$，$\forall t \in [0, \infty)$ 作为随机变量的输出，$u(t) \in \mathbf{R}$ 作为控制输出随机分布形状的控制输入变量。在任何时刻 t，连续随机变量 $o(t)$ 在有界区间 $[y^{\min}, y^{\max}]$ 的分布形状可以由概率密度函数 $\gamma(y, u(t))$ 表述[3]，如图 6-2 所示。众所周知，连续随机变量 $o(t)$ 在 y 点的概率可通过概率密度函数 $\gamma(y, u(t))$ 的积分描述为：

$$F(y, u(t)) = P\{y^{\min} \leqslant o(t) < y, u(t)\} = \int_{y^{\min}}^{y} \gamma(o, u(t))\mathrm{d}o, \quad \forall t \in [0, \infty) \tag{6-6}$$

式中，$P\{y^{\min} \leqslant o(t) < y, u(t)\}$ 表征在控制输入变量 $u(t)$ 的作用下，随机变量 $o(t)$ 落在区间 $[y^{\min}, y]$ 上的概率。

这意味着随机变量 $o(t)$ 在有界区间 $[y^{\min}, y^{\max})$ 上概率密度函数 $\gamma(y, u(t))$ 的形状可以通过输入变量 $u(t)$ 控制。假定随机系统的受控随机变量 $o(t)$ 的输出概率密度函数 $\gamma(y, u(t))$ 为连续有界，且其有界区间 $[y^{\min}, y^{\max}]$ 可预先给定，参考图 5-4 和式（5-15），则图 6-3 中受控输出 PDF 可以展开成预设 B 样条基函数与受控权向量的形式：

$$\gamma(y, u(t)) = \sum_{l=1}^{n} B_l(y) x_l(u(t)) \tag{6-7}$$

式中，$B_l(y)$ 是定义在区间 $[y_{\min}, y_{\max}]$ 上的第 l 个预设基函数；x_l 为与输入控制变量 $u(t)$ 相关的权值。

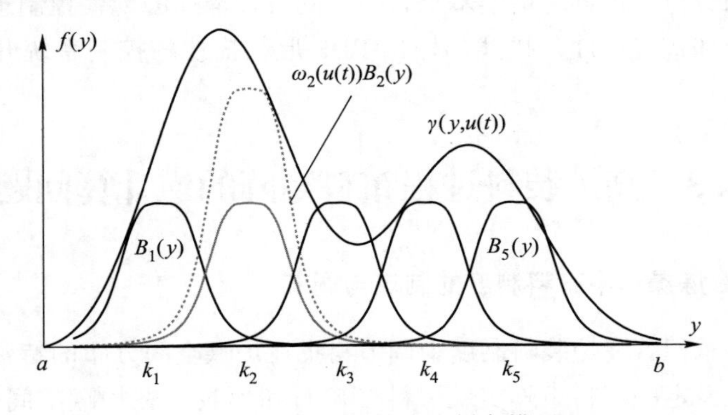

图 6-3　输出 PDF 的 B 样条模型

定义在 $[y^{\min}, y^{\max}]$ 区间的输出 PDF 需要服从如下积分约束：

$$\int_{y^{\min}}^{y^{\max}} \gamma(y, u(t))\,\mathrm{d}y = \sum_{l=1}^{n} x_l(u(t))\, b_l = 1 \tag{6-8}$$

$$\int_{y^{\min}}^{y^{\max}} B_l(y)\,\mathrm{d}y = b_l \tag{6-9}$$

式中，b_l 为选定基函数的非零正常数。

同理，只有 $n-1$ 个权值是相互独立的，与此同时，参考式（5-20）基于 B 样条模型的 PDF 描述以及式（6-3）对系统状态空间方程的描述，对于一类输入为 m 维的线性输出 PDF 的随机分布控制系统，输出 PDF 分布形状的随机分布系统控制的模型可以写成如下形式：

$$\boldsymbol{x}_{k+1} = \boldsymbol{G}\boldsymbol{x}_k + \boldsymbol{H}\boldsymbol{u}_k \tag{6-10}$$

$$\gamma(y, u_k) = \boldsymbol{C}(y)\boldsymbol{x}_k + L(y) \tag{6-11}$$

式中，$\boldsymbol{G} \in \mathbf{R}^{(n-1)\times(n-1)}$ 和 $\boldsymbol{H} \in \mathbf{R}^{(n-1)\times m}$ 为已知参数矩阵；输入 $\boldsymbol{u}_k \in \mathbf{R}^{m\times 1}$，$\boldsymbol{x}_k$，$L(y)$ 和 $\boldsymbol{C}(y)$ 描述为：

$$\boldsymbol{x}_k = [x_{k,1},\ x_{k,2},\ \cdots,\ x_{k,n-1}]^{\mathrm{T}} \in \mathbf{R}^{n-1}$$

$$L(y) = b_n^{-1} B_n(y) \in \mathbf{R}^{1\times 1}$$

$$\boldsymbol{C}(y) = \left(B_1(y) - \frac{B_n(y)}{b_n} b_1,\ B_2(y) - \frac{B_n(y)}{b_n} b_2,\ \cdots,\ B_{n-1}(y) - \frac{B_n(y)}{b_n} b_{n-1}\right) \in \mathbf{R}^{1\times(n-1)}$$

于是，这种解耦模型描述，将随机分布控制的动态部分由式（6-10）描述，而输出 PDF 的形态部分由式（6-11）描述。显然，这类基于 B 样条模型的输出 PDF 分布形态控制系统，要比基于式（6-5）描述的分布参数控制系统，更易于对被控对象的分析与设计。借鉴基于状态空间方程描述的现代控制理论，现已针对式（6-10）和式（6-11）描述的输出 PDF 形状描述的控制系统开发了很多控制算法[3-6]。

6.3　高炉装料过程布料矩阵的逆计算问题

6.3.1　高炉冶炼操作中布料制度的制定与调节

高炉布料承担着高炉装料制度中调节料批在炉喉空间分布的特殊使命，它通过布料器以及设定的布料矩阵实现炉料（矿石和焦炭）在炉喉空间分布的调节，影响上升煤气流和下行料柱的逆向交互，进而影响整个炉况的动态变化。在现行的高炉操作模式下，布料矩阵是布料操作中调节炉料在炉喉分布的重要参数，是旋转溜槽在布料器的操控下所执行的运行规则，见表 6-1，由溜槽倾角和旋转圈数构成。高炉装料过程在布料操作下炉料在炉喉所形成的料面分布与料层厚度分布如图 6-4 所示。作为调节炉料分布的重要操作参数，“布料矩阵”现阶段仍是一个由经验丰富的高炉专家根据高炉本体参数及运行情况而制定的常值参数。

表 6-1 高炉布料矩阵

α/c	α_1/c_1	α_2/c_2	α_3/c_3	α_4/c_4	α_5/c_5	α_6/c_6	总圈数(c_t)
溜槽倾角/旋转圈数	42.5°/2	40°/3	37.5°/2	34.5°/2	31.5°/2	13.5°/2	13

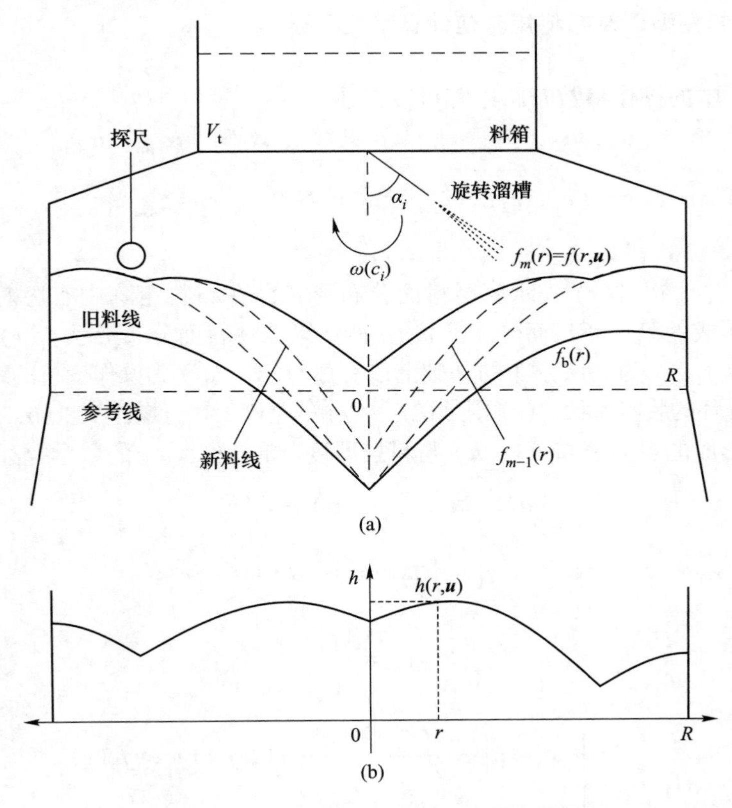

图 6-4 高炉装料过程以及料层厚度分布
(a) 多环装料过程；(b) 料层厚度分布

高炉装料操作过程料面空间分布是受控于布料矩阵的被控变量，然而现有的研究成果却鲜有这一类具有分布特征因果关系的模型与控制。考虑高炉布料对炉况运行状态的影响，以及高炉现场操作人员对布料规律的认知能力差异，为了维持高炉的平稳顺行，现阶段高炉布料矩阵的制定和调整具有最高的管理权限，一般来说高炉布料制度的调整要由厂级领导和炉长共同商讨而定。这种受调节权限限制的高炉布料模式，不能对炉况的运行状态进行实时的反馈调节，存在很大的局限性。

布料矩阵的制定与调整是高炉冶金控制的一个难题，本书第 3 章借助质量守恒规则构建了从布料矩阵到料层分布的三维布料模型，从控制的角度给出了布料矩阵与炉喉炉料分布的输入输出关系的模型描述，第 5 章研究了布料操作中调节中心与边缘占比的期望炉喉料层厚度分布函数的描述与设定问题，本章将在期望料层厚度分布设定的基础上借助输出 PDF 控制的理论与方法研究布料矩阵逆计算的工程问题。

6.3.2　布料模型以及布料矩阵逆计算难题概述

表 6-1 中的操作参数布料矩阵可以描述为：

$$\boldsymbol{\alpha} = [\alpha_1, \alpha_2, \cdots, \alpha_m]^{\mathrm{T}} \in \mathbf{R}^{m\times 1}, \ \alpha_i \in [\alpha_{\min}, \alpha_{\max}] \tag{6-12}$$

$$\boldsymbol{c} = [c_1, c_2, \cdots, c_m]^{\mathrm{T}} \in \mathbf{N}^{m\times 1}, \ c_{\mathrm{t}} = \sum_{i=1}^{m} c_i \tag{6-13}$$

$$\boldsymbol{u} = [\boldsymbol{\alpha}, \boldsymbol{c}] \tag{6-14}$$

图 6-4 中，以 $f_{\mathrm{b}}(r)$ 表示底层料面分布形状，在布料矩阵中有序对(α_1, c_1)的操作下形成的第一环料面分布形状 $f_1(r)$；第二环料面分布形状 $f_2(r)$ 则在第一环装料形状 $f_1(r)$ 为底层分布的基础上以有序对(α_2, c_2)为操作变量的结果。以此类推，第 m 环的装料形状 $f_m(r)$ 则是在 $f_{m-1}(r)$ 的基础上执行操作变量(α_m, c_m)的结果，最终形成的料面分布 $f(r, \boldsymbol{u})$ 与料层厚度分布 $h(r, \boldsymbol{u})$ 的数学描述如下：

$$h(r, \boldsymbol{u}) = f(r, \boldsymbol{u}) - f_{\mathrm{b}}(r) \tag{6-15}$$

$$V_{\mathrm{t}} = \int_0^R 2\pi r h(r, \boldsymbol{u})\,\mathrm{d}r \tag{6-16}$$

$$V_{\mathrm{u}} = \frac{V_{\mathrm{t}}}{c_{\mathrm{t}}} \tag{6-17}$$

$$f_1(r) = \begin{cases} \xi\sigma_1 \exp\left[-\dfrac{(r - x(\alpha_1))^2}{\sigma_1^2}\right], & f_1(r) \geqslant f_{\mathrm{b}}(r) \\ f_{\mathrm{b}}(r) \end{cases} \tag{6-18}$$

$$c_1 V_{\mathrm{u}} = \int_0^R 2\pi r[f_1(r) - f_{\mathrm{b}}(r)]\,\mathrm{d}r \tag{6-19}$$

$$f_2(r) = \begin{cases} \xi\sigma_2 \exp\left[-\dfrac{(r - x(\alpha_2))^2}{\sigma_2^2}\right], & f_2(r) \geqslant f_1(r) \\ f_1(r) \end{cases} \tag{6-20}$$

$$c_2 V_u = \int_0^R 2\pi r[f_2(r) - f_1(r)]\mathrm{d}r \tag{6-21}$$

$$\vdots$$

$$f_m(r) = \begin{cases} \xi\sigma_m \exp\left[-\dfrac{(r - x(\alpha_m))^2}{\sigma_m^2}\right], & f_m(r) \geqslant f_{m-1}(r) \\ f_{m-1}(r) \end{cases} \tag{6-22}$$

$$c_m V_\mathrm{u} = \int_0^R 2\pi r[f_m(r) - f_{m-1}(r)]\mathrm{d}r \tag{6-23}$$

$$f(r, \boldsymbol{u}) = f_m(r) \tag{6-24}$$

式中，$x(\alpha_i)$ 表示第 i 环布料旋转溜槽倾角对应下的炉料落点位置，可通过料流轨迹方程计算获得；ξ 为一个取决于物料材质特性的定常系数；第 i 环布料所形成的装料形状 $f_i(r)$ 中的参数 σ_i 可以通过迭代估计获得，第 3 章的布料模型部分给出了具体计算步骤。

一般来说，布料建模处理由操作变量布料矩阵 $\boldsymbol{u}$ 到料面分布形状 $f(r, \boldsymbol{u})$ 与料层厚度分布 $h(r, \boldsymbol{u})$ 的映射关系，然而，布料矩阵逆计算则用期望的料层厚度分布 $g(r)$ 和给定底层料面分布形状 $f_\mathrm{b}(r)$ 处理操作参数 $\boldsymbol{u}$ 的最优化问题。

如图 6-1 所示，期望料层厚度分布由实践中经验丰富的操作人员给出，同时这也是一个需要使用完整高炉运行数据进行操作优化的工程问题。$\gamma_e(r)$ 是设定的期望目标分布 $g(r)$ 和当前输出料层厚度分布 $h(r, \boldsymbol{u})$ 之间的误差分布。在这种情况下，布料矩阵逆计算是一个不断地寻找最好的 $\boldsymbol{u}$ 以最小化误差分布 $\gamma_e(r)$ 的优化过程。这也可以看作是一个输出料层厚度的静态控制问题。$g(r)$ 为设定目标分布，$h(r, \boldsymbol{u})$ 为输出分布，$\boldsymbol{u}$ 为控制参数。

布料矩阵逆计算是制定高炉布料操作制度的理论基础，也是实现炉料装料过程自动控制的关键，解决这一工程问题的难点主要在于以下方面：

（1）目标分布 $g(r)$ 是一个与空间分布相关的函数，不同于常规闭环控制系统中使用的标量设定参数。实际上，由于料层厚度分布遵循体积积分约束，给期望的目标分布的选择和设定带来一定的困难。

（2）装料后的顶层料面分布 $f(r, \boldsymbol{u})$ 和料层厚度分布 $h(r, \boldsymbol{u})$ 与操作变量布料矩阵 $\boldsymbol{u}$ 是一种具有分布特征的非线性关系。

（3）操作变量布料矩阵是一个由 $\{(\alpha_1, c_1), (\alpha_2, c_2), \cdots, (\alpha_m, c_m)\}$ 表示的有序对序列，其中，有序对 (α_i, c_i) 中既有连续变量也有离散变量。

（4）由于当前输出和目标设定都是空间分布函数，通常很难评估当前输出料层厚度分布如何趋近于预设的期望目标料层厚度分布的效果。

针对上述问题，本章将利用输出 PDF 的随机分布控制理论[3]，基于第 3 章中描述的布料模型，研究高炉装料过程布料矩阵逆计算的工程问题。

6.4　基于输出 PDF 控制的布料矩阵逆计算

6.4.1　基于 B 样条函数的料层厚度分布的控制模型

料层厚度分布的体积积分是一个常数值 V_t，类似于随机分布控制理论中概率密度函数积分为“1”的概念，高炉装料过程炉喉所形成的料层厚度分布可视为一种特殊的概率密度函数，可以通过 B 样条基函数和相应的被控权值来表示：

$$h(r, \boldsymbol{u}) = \sum_{i=1}^{n+1} w_i(\boldsymbol{u}) B_i(r) \tag{6-25}$$

式中，$B_i(r)$ 为定义在有界区间 $[0, R]$ 上的第 i 个预设 B 样条基函数；R 为炉喉半径；w_i 是一个与输入布料矩阵 $\boldsymbol{u}$ 相关的受控权值；$n+1$ 表示基函数的个数。

鉴于 $h(r, \boldsymbol{u})$ 为定义在有界区间 $[0, R]$ 上表征炉喉料层厚度分布的函数，其应满足如下积分约束：

$$\sum_{i=1}^{n+1} w_i(\boldsymbol{u}) b_i = \int_0^r 2\pi r h(r, \boldsymbol{u}) \mathrm{d}r = V_t \tag{6-26}$$

$$b_i = \int_0^r 2\pi r B_i(r) \mathrm{d}r \tag{6-27}$$

式中，b_i 是一个与体积相关的非零正常值。

由于需要遵循式（6-26）的积分约束，因此只有 n 个受控权值 $w_i \big|_{i=1, 2, \cdots, n}$ 是独立的。由此，式（6-25）中的料层厚度分布可以改写为以下形式：

$$h(r, \boldsymbol{u}) = \boldsymbol{C}(r) \boldsymbol{W}(\boldsymbol{u}) + L(r) \tag{6-28}$$

$$\boldsymbol{W}(\boldsymbol{u}) = [w_1(\boldsymbol{u}), w_2(\boldsymbol{u}), \cdots, w_n(\boldsymbol{u})]^{\mathrm{T}} \in \mathbf{R}^{n\times 1} \tag{6-29}$$

$$L(r) = V_t \left(\int_0^r 2\pi r B_{n+1}(r) \mathrm{d}r\right)^{-1} B_{n+1}(r) \tag{6-30}$$

$$\boldsymbol{C}(r) = \begin{bmatrix} B_1(r) - \dfrac{b_1}{b_{n+1}} B_{n+1}(r) \\ B_2(r) - \dfrac{b_2}{b_{n+1}} B_{n+1}(r) \\ \vdots \\ B_n(r) - \dfrac{b_N}{b_{n+1}} B_{n+1}(r) \end{bmatrix}^{\mathrm{T}} \in \mathbf{R}^{1\times n} \tag{6-31}$$

$$\boldsymbol{b} = [b_1, b_2, \cdots, b_n]^{\mathrm{T}} \in \mathbf{R}^{n\times 1} \tag{6-32}$$

$$w_{n+1}(\boldsymbol{u}) = \frac{1}{b_{n+1}}(V_{\mathrm{t}} - \boldsymbol{b}^{\mathrm{T}}\boldsymbol{W}(\boldsymbol{u})) \tag{6-33}$$

从式（6-25）~式（6-33）中可以看出，料层厚度分布可以由 n 个相互独立的权值向量 $\boldsymbol{W}(\boldsymbol{u})$ 控制。

随机分布控制理论与高炉装料过程基于期望料层厚度分布的布料矩阵逆计算的异同如下：

（1）随机分布控制理论与高炉装料过程，两者皆为分布参数控制系统，其输出 PDF 和装料过程在炉喉形成的料层厚度分布都是定义在时间和空间上的多变量分布函数。

（2）两者的受控分布都遵循一定的积分约束。

（3）两者的积分形式不同。随机分布控制理论中的输出概率密度的积分为“1”；而装料过程炉料在炉喉处形成的料层厚度分布是一个圆柱体积积分，见式（6-26）。同时，两者有不同的边际分布形式，输出概率密度函数 $\gamma(y, u_k)$ 的边际趋近于零，而料层厚度分布 $h(r, \boldsymbol{u})$ 的边际却不是。

（4）随机分布控制理论主要处理线性系统；而高炉装料过程引起炉料在炉喉空间分布动态却是一个复杂的非线性系统。

（5）随机分布控制理论中的输入输出关系具有相同的时序结构；而高炉装料过程炉料在炉喉形成的料层厚度分布是布料器在执行多环布料有序对序列 $\{(\alpha_1, c_1), (\alpha_1, c_1), \cdots, (\alpha_m, c_m)\}$ 的结果。

（6）随机分布控制理论处理的系统参数是在同一数域下，如 $\{u, y\} \in \mathbf{R}$；而高炉装料过程是一个混杂系统，其决策变量同时具有连续变量和有界离散变量，其中溜槽倾角 $\alpha_i \in \mathbf{R}$ 为实数域参数，溜槽旋转圈数 $c_i \in \mathbf{N}$ 则要求为整数且受总圈数 c_{t} 限制。

6.4.2 基于迭代学习的布料矩阵逆计算

如上所述，式（6-25）中的权值信息向量是一组用于选择和控制期望料层厚度分布的关键参数。通过调整向量 $\boldsymbol{W}_{\mathrm{g}}$ 中 n 个权值信息可实现对期望的料层厚度分布的手动调节，由此基于 B 样条函数和权值的期望料层厚度分布可描述为：

$$g(r) = \boldsymbol{C}(r)\boldsymbol{W}_{\mathrm{g}} + L(r) \tag{6-34}$$

本章以期望的料层厚度分布为目标设定，选择性能指标优化函数式（6-35）。

$$J(\boldsymbol{u}) = \int_0^r (h(r, \boldsymbol{u}) - g(r))^2 \mathrm{d}r \tag{6-35}$$

可以看出，通过求解使目标优化函数 $J(\boldsymbol{u})$ 达到最小化的决策变量 $\boldsymbol{u}$，料层厚度分布 $h(r, \boldsymbol{u})$ 将尽可能地接近期望的目标分布 $g(r)$。

给定期望的料层厚度分布的目标 $g(r)$，装料过程布料矩阵逆计算的难题可以描述为：如何在式（6-12）~式（6-14）的约束下，在布料模型的基础上，给出适当的优化操作参数 $\boldsymbol{u}$ 的算法最小化 $J(\boldsymbol{u})$。由于决策变量布料矩阵中既包括连续变量也包括有界离散变量，因此高炉装料过程中的布料矩阵计算，是一个在期望料层厚度分布设定下离散和连续操作参数的混合优化问题。为了解决这一难题，本章将布料矩阵逆计算的参数优化问题分解成有界离散部分和连续部分，分别采用整数规划和迭代学习方法处理相应的离散和连续变量。基于迭代学习和整数规划的布料矩阵逆计算的算法结构如图 6-5 所示。

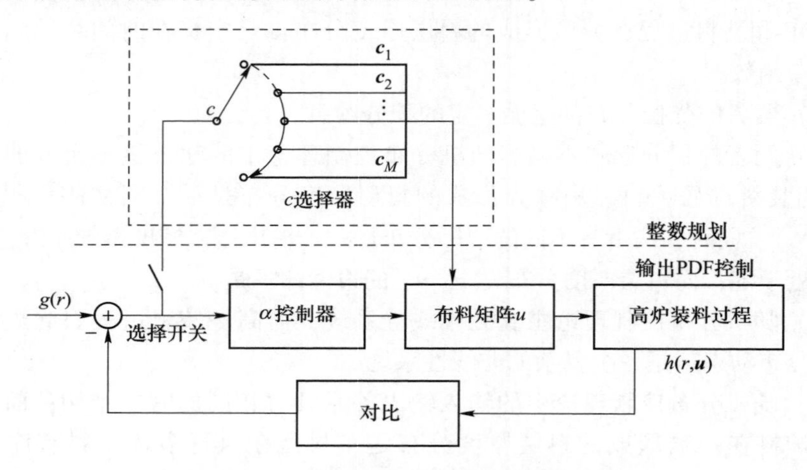

图 6-5　基于迭代学习的布料矩阵逆计算架构

首先，根据式（6-13）中有界离散变量的约束，运用整数规划可以得到旋转圆序列 $\boldsymbol{c}$ 的有限可行解集：

$$\boldsymbol{c} \in \{\boldsymbol{c}_1, \boldsymbol{c}_2, \cdots, \boldsymbol{c}_M\} \tag{6-36}$$

式中，M 表示可行解集合的最大基数，根据高炉运行操作的经验，集合中可行解的数量一般会减至 3~5 个。

其次，一旦有总和约束的离散序列 $\boldsymbol{c}$ 选定，操作参数布料矩阵的混杂优化问题，便可以简化为只优化连续参数变量 $\boldsymbol{\alpha}$。

假定：

$$\boldsymbol{\Lambda} = \int_0^R \boldsymbol{C}^{\mathrm{T}}(r)\boldsymbol{C}(r)\mathrm{d}r \in \mathbf{R}^{n\times n} \tag{6-37}$$

$$\boldsymbol{\eta} = \boldsymbol{W}_{\mathrm{g}}^{\mathrm{T}}\Lambda \in \mathbf{R}^{1\times n} \tag{6-38}$$

$$\boldsymbol{\Delta} = \boldsymbol{W}_{\mathrm{g}}^{\mathrm{T}}\Lambda\boldsymbol{W}_{\mathrm{g}} \tag{6-39}$$

在溜槽倾角序列 $\boldsymbol{c}_j$ 选定后，式（6-35）可以进一步描述为：

$$J(\boldsymbol{\alpha})\mid_{\boldsymbol{c}_j} = \int_0^R (h(r, \boldsymbol{\alpha})\mid_{\boldsymbol{c}_j} - g(r))^2 \mathrm{d}r$$

$$
\begin{aligned}
&= \int_0^R (\boldsymbol{C}(r)\boldsymbol{W}_j + L(r) - g(r))^2 \mathrm{d}r \\
&= \int_0^R (\boldsymbol{C}(r)\boldsymbol{W}_j - \boldsymbol{C}(r)\boldsymbol{W}_g)^2 \mathrm{d}r \\
&= \boldsymbol{W}_j^{\mathrm{T}} \boldsymbol{\Lambda} \boldsymbol{W}_j - 2\boldsymbol{\eta}\boldsymbol{W}_j + \boldsymbol{\Delta}
\end{aligned} \tag{6-40}
$$

为了最小化 $J(\boldsymbol{\alpha})\big|_{c_j}$，$\boldsymbol{\alpha}$ 由式（6-41）计算求得：

$$
\left.\frac{\partial J(\boldsymbol{\alpha})}{\partial \boldsymbol{\alpha}}\right|_{c_j} = (\boldsymbol{W}_j^{\mathrm{T}}\Lambda - \boldsymbol{\eta})\left.\frac{\partial \boldsymbol{W}_j}{\partial \boldsymbol{\alpha}}\right|_{c_j} = 0 \tag{6-41}
$$

鉴于权值向量 $\boldsymbol{W}_j$ 是 $\boldsymbol{\alpha}$ 的非线性关系，直接求解 $\boldsymbol{\alpha}$ 有一定困难，因此，在选定溜槽倾角序列 $\boldsymbol{c}_j$ 后，参考随机分布控制理论，本章给出了一种基于梯度迭代学习的算法，其表达如下：

$$
\boldsymbol{\alpha}^{(k+1)} = \boldsymbol{\alpha}^{(k)} - 2\mu(\boldsymbol{W}_j^{\mathrm{T}(k)}\Lambda - \boldsymbol{\eta})\left.\frac{\partial \boldsymbol{W}_j^{(k)}}{\partial \boldsymbol{\alpha}}\right|_{c_j} \tag{6-42}
$$

式中，权值向量 $\boldsymbol{W}_j^{(k)}$ 可以通过系统辨识的方法计算，本章给出了一种基于最小二乘方法的权值向量估计，其描述为：

$$
\boldsymbol{W}_j^{(k)} = \boldsymbol{P}_c \boldsymbol{C}^{\mathrm{T}}(r)(h(y,\ \boldsymbol{\alpha}^{(k)})\big|_{c_j} - L(r))^{\mathrm{T}} \tag{6-43}
$$

$$
\boldsymbol{P}_c = (\boldsymbol{C}^{\mathrm{T}}(r)\boldsymbol{C}(r))^{-1} \tag{6-44}
$$

对于优化 $\boldsymbol{\alpha}$ 参数的迭代学习算法，其迭代终止条件如下：

$$
\begin{cases}
|J(\boldsymbol{\alpha})\big|_{c_j}| \leqslant \varepsilon \quad (j = 1,\ 2,\ \cdots,\ M) \\
k \leqslant k_{\max}
\end{cases} \tag{6-45}
$$

式中，ε 是一个很小的正数（如 $\varepsilon = 10^{-2}$）；$k_{\max}$ 表示迭代可允许的最大步数。

经过迭代学习后的溜槽倾角序列和原预设的旋转圈数序列构成操作参数布料矩阵的一个优化解 $\boldsymbol{u}_j$：

$$
\boldsymbol{u}_j = [\boldsymbol{\alpha}^{(k)},\ \boldsymbol{c}_j] \tag{6-46}
$$

最后，比较每一个预设旋转圈数序列 $\boldsymbol{c}_j$ 对应的性能指标：

$$
\min(J(\boldsymbol{\alpha})\,|\,c_j) \quad (j = 1,\ 2,\ \cdots,\ M) \tag{6-47}
$$

用于确定使 $J(\boldsymbol{u})$ 最优的布料矩阵 $\boldsymbol{u} = \boldsymbol{u}_j$。

式（6-42）中迭代学习溜槽倾角向量 $\boldsymbol{\alpha}$，是解决布料矩阵逆计算的关键，也是本课题研究工作的主要贡献，上述解决方案明显与第 4 章基于智能计算方法的不同。

6.5 仿真实验

6.5.1 基于 B 样条模型的输出 PDF 控制

考虑一个在有界区间［0，2］上的随机系统，其输出概率密度函数为：

$$\sigma(u)=0.05(1+u)+\frac{40}{5+5u^2}\left[\left(1-\frac{1}{5+5u^2}\right)\mathrm{e}^{-10(1+u^2)}+\frac{1}{5+5u^2}\right]$$

$$\xi_u=\int_0^2\frac{1}{\sigma(u)}\left[20y\mathrm{e}^{-10(1+u^2)y}+0.399\mathrm{e}^{\frac{-(y-1.25)^2}{0.1(1+u)^2}}\right]\mathrm{d}y$$

$$\gamma(y,u)=\frac{1}{\xi_u\sigma(u)}\left[20y\mathrm{e}^{-10(1+u^2)y}+0.399\mathrm{e}^{\frac{-(y-1.25)^2}{0.1(1+u)^2}}\right]$$

显然，对于输入 $u\in[0,1]$，输出概率密度和函数满足：

$$\int_0^2\gamma(y,u)\mathrm{d}y=1,\ \forall u\in[0,1]$$

给定目标分布和初始分布分别为：

$$g(y)=\gamma(y,u)\mid_{u=0}=47.2238y\mathrm{e}^{-10y}+0.9421\mathrm{e}^{\frac{-(y-1.25)^2}{0.1}}$$

$$\gamma_0(y)=\gamma(y,u)\mid_{u=0.8}=43.0792y\mathrm{e}^{-16.4y}+0.8598\mathrm{e}^{\frac{-(y-1.25)^2}{0.324}}$$

根据有界区间 [0, 2]，给出内插节点：

$$\boldsymbol{\lambda}_k=[0,0.05,0.10,0.15,0.20,0.25,0.35,0.55,1.0,1.3,1.5,1.75,2]$$

用第 5 章式（5-31）计算相应的 B 样条基函数，并将输出 PDF 写成 B 样条基函数的展开式：

$$\gamma(y,u)=\boldsymbol{C}(y)\boldsymbol{V}(u)+L(y)$$

则目标分布 $g(y)$ 和 $\gamma_0(y)$ 对应的权值向量分别为：

$$\boldsymbol{V}_g=[2.2781,1.5155,1.5363,1.1129,0.6677,0.2142,-0.1002,0.9832,0.8424]^{\mathrm{T}}$$

$$\boldsymbol{V}_0=[2.2718,1.5112,1.5321,1.1094,0.6665,0.2123,-0.0957,0.9816,0.8410]^{\mathrm{T}}$$

B 样条基函数以及对目标 PDF 分布的拟合效果如图 6-6 所示。

性能指标 $J(u)$ 可写为：

$$J(u)=\int_0^2(\gamma(y,u)-g(y))^2\mathrm{d}y=\boldsymbol{V}^{\mathrm{T}}(u)\sum\boldsymbol{V}(u)-2\boldsymbol{\eta}\boldsymbol{V}(u)+\gamma_0$$

$$\sum=\int_0^2C(y)\boldsymbol{C}^{\mathrm{T}}(y)\mathrm{d}y\in\mathbf{R}^{9\times9}$$

$$\boldsymbol{\eta}=\int_0^2(g(y)-L(y))C(y)\mathrm{d}y\in\mathbf{R}^{1\times9}$$

$$\gamma_0=\int_0^2(g(y)-L(y))^2\mathrm{d}y$$

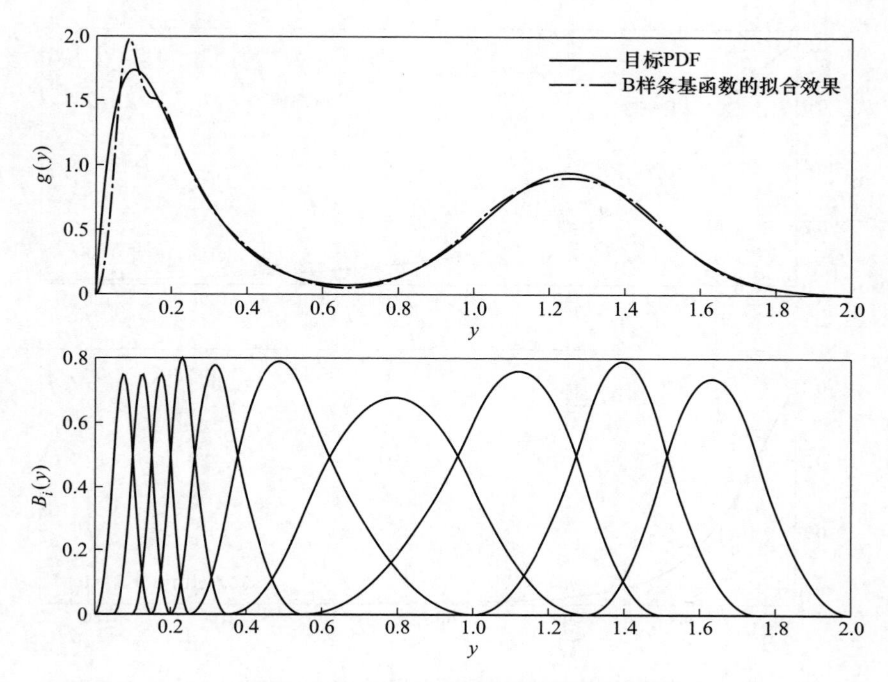

图 6-6 目标 PDF $g(y)$ 的 B 样条拟合

由此，基于 B 样条模型的迭代控制可以描述为：

$$u^{i+1} = u^i - 2\mu(\boldsymbol{V}^{\mathrm{T}}(u)\sum - \boldsymbol{\eta})\frac{\partial \boldsymbol{V}(u)}{\partial u}\bigg|_{u=u^i}$$

控制、性能指标以及输出 PDF 随迭代步数的关系如图 6-7~图 6-9 所示。

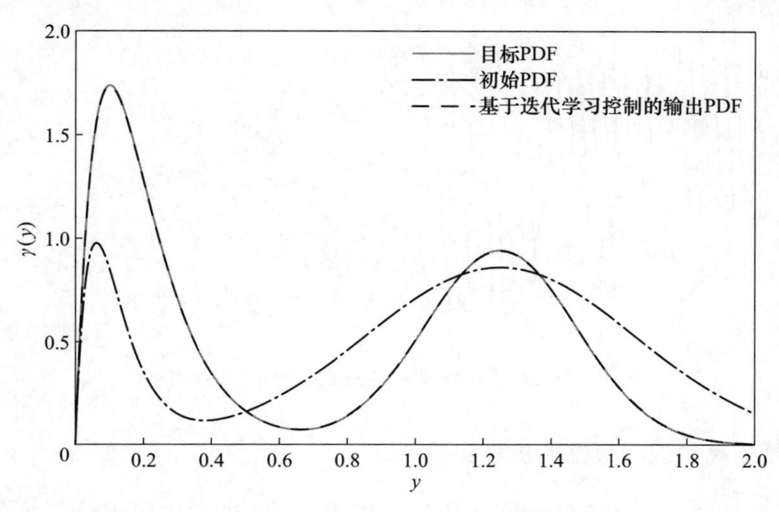

图 6-7 基于迭代学习的输出 PDF 控制效果

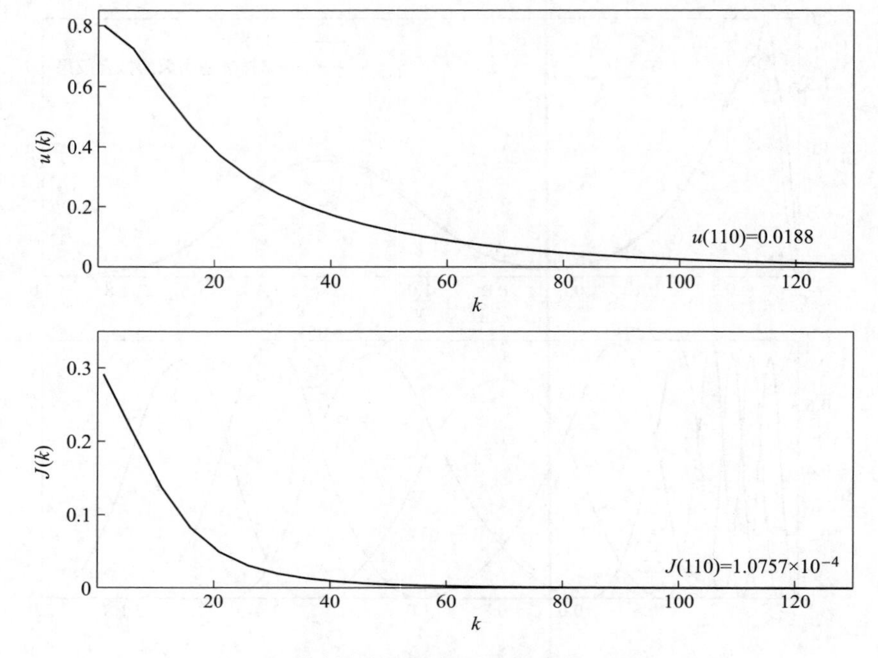

图 6-8 控制与性能指标随迭代步数 k 的关系

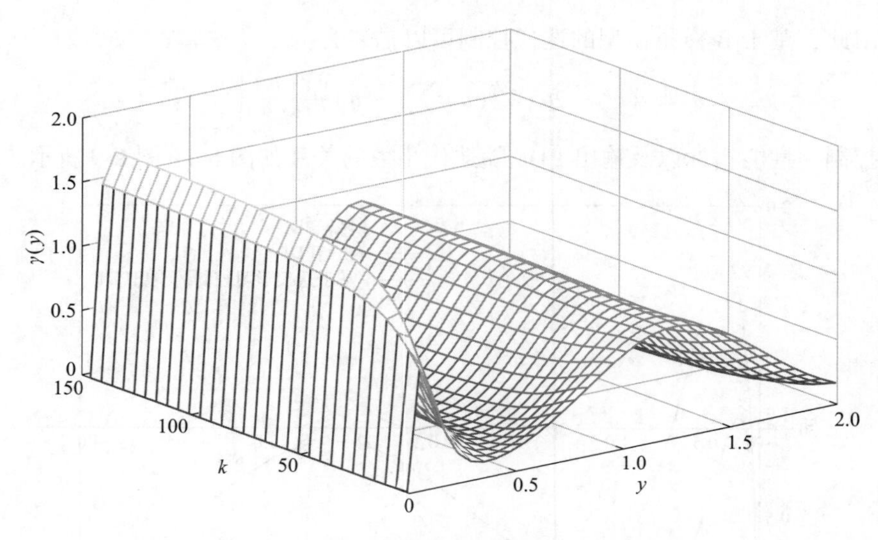

图 6-9 基于迭代学习的三维输出 PDF 效果

6.5.2 基于高炉现场数据的仿真实验

为了验证本章所述方法的有效性，本节利用包头钢铁集团炼铁厂的实际高炉操作数据进行仿真实验，实验中所用高炉数据和参数见表 3-2。考虑现场高炉装料过程，其炉喉半径 $R=4.3$ m，入炉矿石和焦炭的批重分别为 60 t 和 15 t，一般来说，矿石和焦炭的堆密度分别为 2.0 t/m^3 和 0.5 t/m^3[2]，由此，高炉装料体积 $V_t=30$ m^3。针对表 5-1 和表 4-2 所述高炉炉喉料线的实际采样数据，利用拟合函数构建装料过程底层料面形状 $f_b(r)$。

高炉布料矩阵逆计算，是一个能够根据炉况顺行对炉喉料层中心与边缘炉料强弱分布的要求，求解出与之相应工艺操作参数的算法。以实际高炉冶炼工艺对焦炭料层厚度分布的要求为例构建布料矩阵逆计算仿真实验，如图 5-1（a）所描述的焦炭层中心强与边缘弱，利用式（6-28）给出由 B 样条基函数描述期望料层厚度分布的权值向量：

$$\boldsymbol{W}_g=[0.91,\ 0.90,\ 0.7,\ 0.45,\ 0.24]^T$$

其中权值向量的维数为 $n=5$，图 6-10 给出了基于 B 样条基函数描述的期望料层厚度分布 $g(r)$ 与相应的基函数 $B_i(r)$，$i=1，2，\cdots，6$。

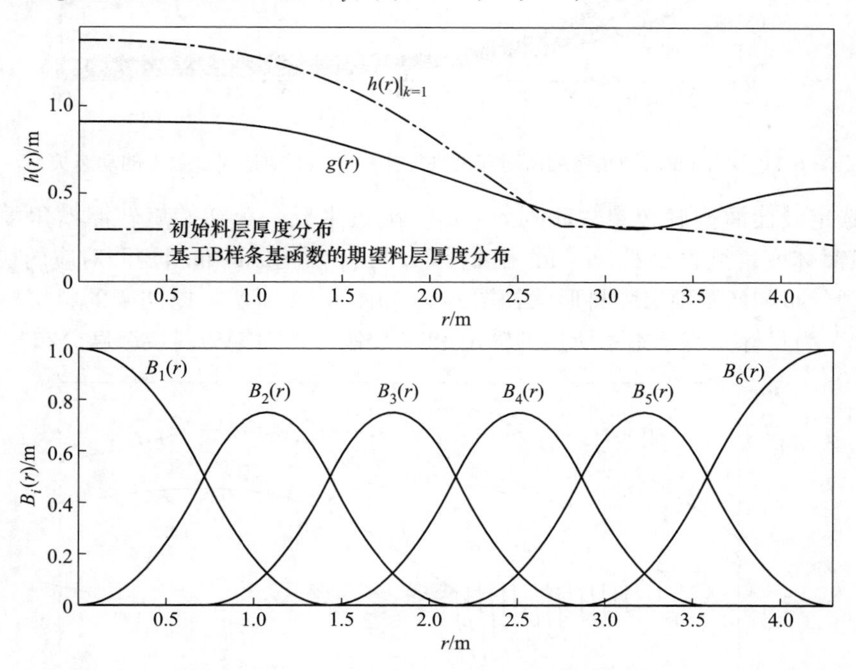

图 6-10 初始料层厚度分布以及基于 B 样条基函数的期望料层厚度分布

结合现场操作人员的经验和式（6-13）中对溜槽旋转圈数的约束，可得到一组 $\boldsymbol{c}_j$ 的可行解的备选集：

$$\boldsymbol{c}_1=[3\ 1\ 2\ 2\ 2]^T$$

$$\boldsymbol{c}_2=[3\ 2\ 2\ 2\ 1]^T$$

$$\boldsymbol{c}_3 = [3\ 3\ 2\ 1\ 1]^{\mathrm{T}}$$

$$\boldsymbol{c}_4 = [2\ 2\ 2\ 2\ 2]^{\mathrm{T}}$$

比较备选集中的每个可行解 $\boldsymbol{c}_j$ 的性能指标函数 $J(\boldsymbol{\alpha})\mid_{\boldsymbol{c}_j}$ 在迭代终止时的数值，最后可知最佳的溜槽旋转圈数序列 $\boldsymbol{c} = \boldsymbol{c}_4$，如图 6-11 所示。

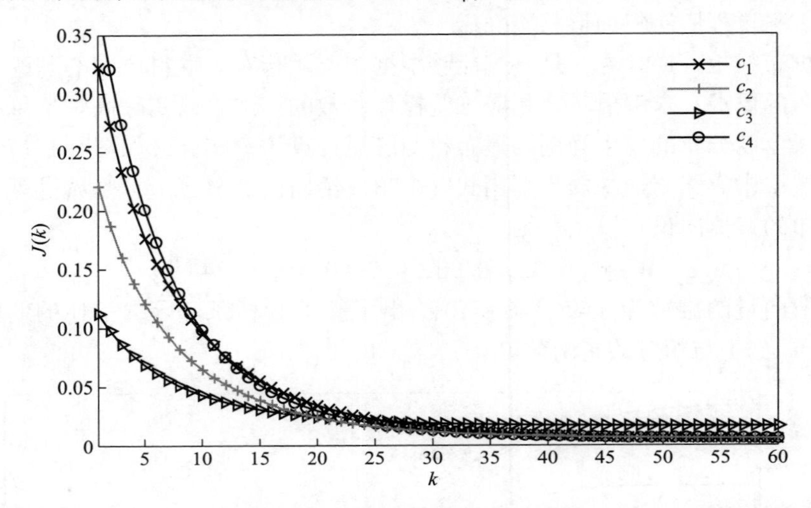

图 6-11 不同溜槽倾角序列所对应的性能指标 $J(\boldsymbol{\alpha})$ 随迭代步数 k 的动态关系

选定最佳溜槽旋转圈数序列 $\boldsymbol{c} = \boldsymbol{c}_4$，随机生成一个初始旋转溜槽角度序列 $\boldsymbol{\alpha}$，其具体变量见表 6-2，$k = 1$，由 $\boldsymbol{c}_4$ 和 $\boldsymbol{\alpha}\mid_{k=1}$ 所构成的布料矩阵对应的初始料层厚度分布和初始顶层装料形状如图 6-10 和图 6-12 所示。以期望的料层厚度分布 $g(r)$ 为目标，基于本章所述的输出 PDF 控制方法对期望料层厚度分布与顶层

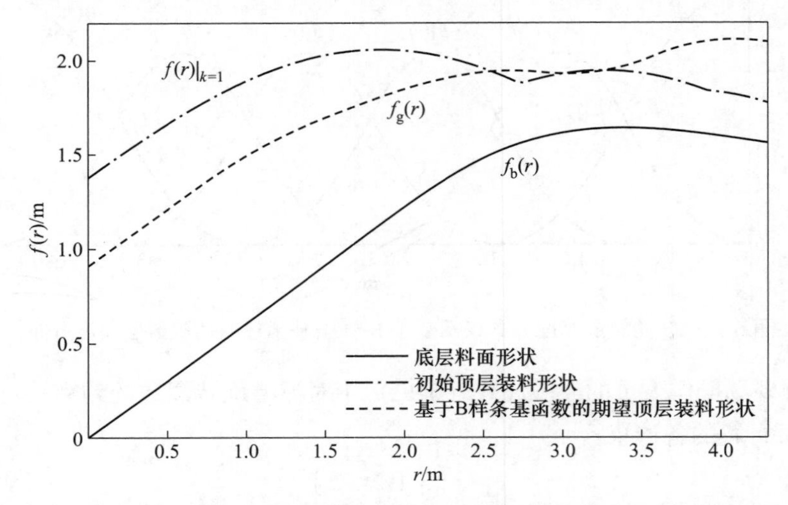

图 6-12 初始顶层装料形状及基于 B 样条基函数的期望顶层装料形状

装料形状的效果如图 6-13 所示，表 6-2 给出了溜槽倾角序列 $\boldsymbol{\alpha}$ 随迭代步数 k 的计算结果，其中 S_e 是一个评价指标，用以表征期望目标与装料过程输出料层厚度分布之间的相对体积的误差：

$$S_e(k)=\frac{\int_0^r 2\pi r\sqrt{(g(r)-h(r))^2}\,\mathrm{d}y}{V_{\mathrm{t}}}\times 100\%$$

表 6-2 选定最佳旋转圈数序列 $c=c_4$ 下 $\boldsymbol{\alpha}$ 随迭代步数 k 的计算结果

k	α_1	α_2	α_3	α_4	α_5	S_e/%
1	39.0726	35.0507	34.2569	22.5593	21.9363	10.3712
10	41.7883	37.6522	36.8383	25.0046	24.3878	4.5063
20	43.1581	38.9890	38.1702	26.3681	25.7618	3.6268
30	43.8266	39.6419	38.8207	27.0361	26.4350	3.1380
40	44.1844	39.9923	39.1702	27.3991	26.8011	2.8489
50	44.3840	40.1890	39.3665	27.6078	27.0119	2.7126

图 6-13 很难形象地显现出输出分布对目标分布的逼近效果，为了方便对比，本章继续用 $e(r)$ 表示逼近目标分布的误差，用 $\gamma(e)$ 表征该误差分布的概率密度函数（可通过用 Matlab 工具中的 ksdensity 命令计算）。图 6-14 给出了误差概率密

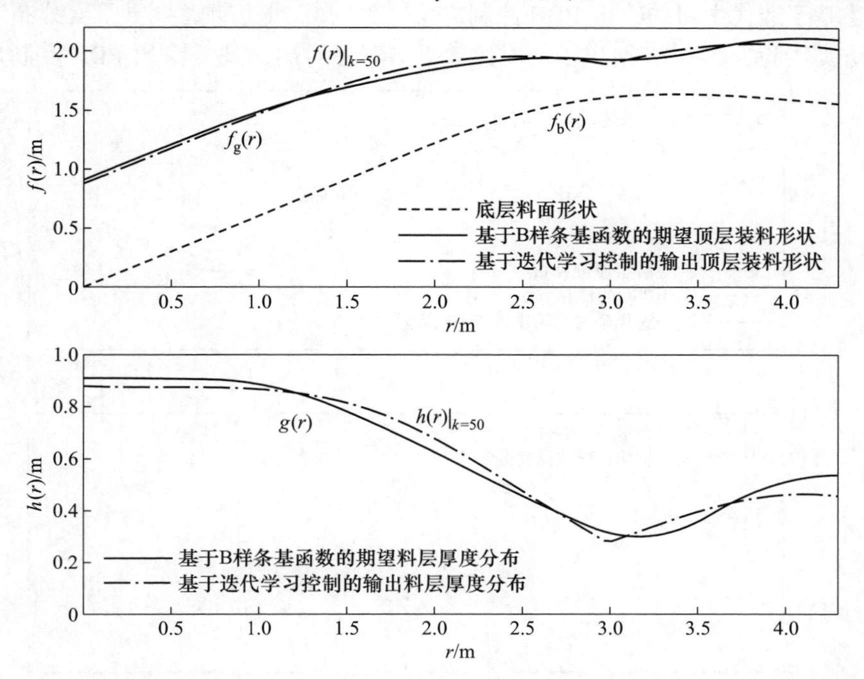

图 6-13 基于迭代学习的输出 PDF 控制对期望料层厚度分布与顶层装料形状的效果

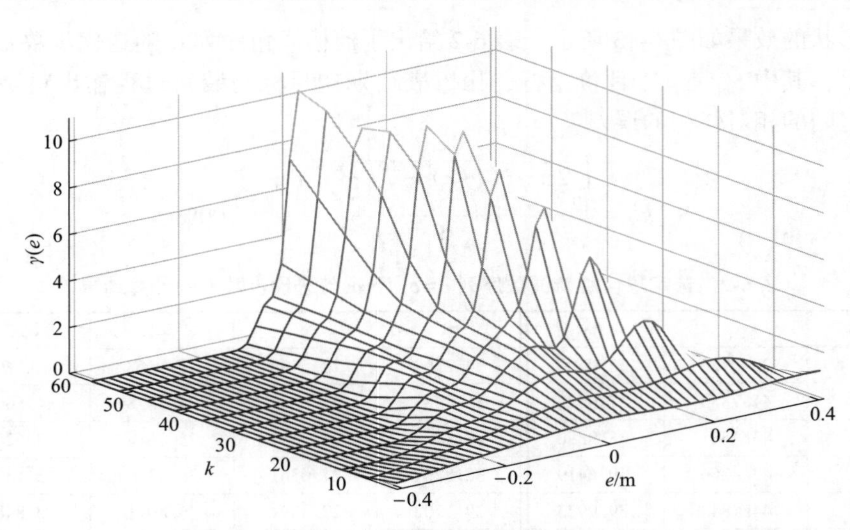

图 6-14　基于迭代学习的输出 PDF 误差分布

度函数 $\gamma(e)$ 随迭代步数的演化关系。明显看出，随着迭代步数 k 的演化误差概率密度函数变得越来越尖，误差也越来越集中于 0。

为了更好地对比本章所述方法的有效性，用第 4 章所述的 PSO 优化方法和本章所述基于迭代学习的输出 PDF 控制方法，针对相同的期望料层厚度分布 $g(r)$ 构建仿真实验，图 6-15 给出了的对比效果。明显看出，基于输出 PDF 控制的方

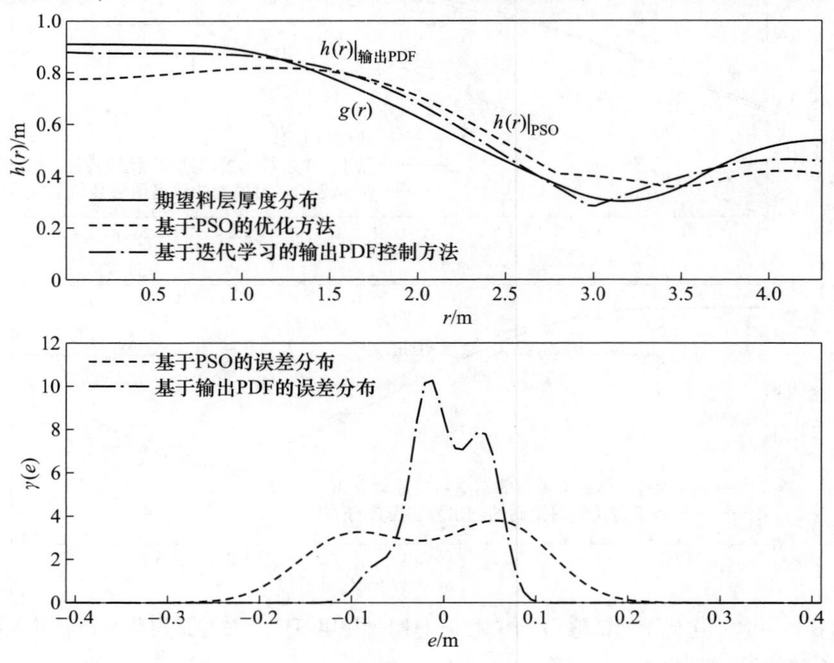

图 6-15　PSO 优化方法与输出 PDF 控制对期望料层厚度分布的对比效果

法效果更佳，而且该方法仿真用时也更短 $t_{\text{Matlab}}=0.642391$ s（而 PSO 优化方法 $t_{\text{Matlab}}=3.061494$ s）。

6.6 小　结

高炉装料过程炉料在炉喉的料层厚度分布是影响整个高炉稳产、安全操作、炉况平稳顺行以及节能减排的重要因素，由于缺少模型以及相关理论支持，长期以来布料操作制度的制定和调整是一个基于经验积累的人工操作模式，不利于安全生产和节能减排。

针对高炉装料过程存在的工程问题，本章研究了高炉工艺操作对期望料层厚度分布下操作参数布料矩阵的逆计算，借鉴随机分布控制理论的方法，提出了一种基于 B 样条基函数设定期望料层厚度分布目标的方法，针对布料矩阵中存在的混合优化参数，提出了一种基于整数规划和输出 PDF 控制的混合优化架构。仿真实验表明，本章所提出的期望料层厚度分布设定方法便捷、可操作性强，而基于迭代学习的输出 PDF 控制方法可以实现期望料层厚度分布设定下布料矩阵的逆计算，即可以计算出与期望目标分布相应的操作参数布料矩阵。

参 考 文 献

[1] 张勇，周平，王宏，等. 一种高炉布料过程料面输出形状的建模方法：ZL201510586609.6 [P]. 2018-08-07.

[2] Zhang Y，Zhou P，Cui G. Multi-model based PSO method for burden distribution matrix optimization with expected burden distribution output behaviors [J]. IEEE/CAA Journal of Automatica Sinica，2019，6 (6)：1478-1484.

[3] Wang H. Robust control of the output probability density functions for multivariable stochastic systems with guaranteed stability [J]. IEEE Transactions on Automatic Control，1999，44 (11)：2103-2107.

[4] Zhao B，Yang Z，Li Z，et al. Particle size distribution function of incipient soot in laminar premixed ethylene flames：Effect of flame temperature [J]. Proceedings of the Combustion Institute，2005，30 (1)：1441-1448.

[5] Sun X，Yue H，Wang H. Modelling and control of the flame temperature distribution using probability density function shaping [J]. Transactions of the Institute of Measurement and Control，2006，28 (5)：401-428.

[6] Zhou J，Yue H，Zhang J，et al. Iterative learning double closed-loop structure for modeling and controller design of output stochastic distribution control systems [J]. IEEE Transactions on Control Systems Technology，2014，22 (4)：1474-1485.

[7] Wang H. Bounded Dynamic Stochastic Distributions：Modelling and Control [M]. London：Springer-Verlag，2000.

[8] 郑大钟. 线性系统理论 [M]. 2 版. 北京：清华大学出版社，2002.